2012—2013

图　学

学科发展报告

REPORT ON ADVANCES IN GRAPHICS

中国科学技术协会　主编

中国图学学会　编著

中国科学技术出版社

·北　京·

图书在版编目（CIP）数据

2012—2013 图学学科发展报告／中国科学技术协会主编；中国图学学会编著 . —北京：中国科学技术出版社，2014.2

（中国科协学科发展研究系列报告）

ISBN 978－7－5046－6550－8

Ⅰ. ①2… Ⅱ. ①中… ②中… Ⅲ. ①工程制图－绘图技术－学科发展－研究报告－中国－2012—2013 Ⅳ. ① TB232-12

中国版本图书馆 CIP 数据核字（2014）第 010804 号

策划编辑	吕建华　赵　晖
责任编辑	王　菡　赵　晖
责任校对	刘洪岩
责任印制	王　沛
装帧设计	中文天地

出　　版	中国科学技术出版社
发　　行	科学普及出版社发行部
地　　址	北京市海淀区中关村南大街 16 号
邮　　编	100081
发行电话	010–62103354
传　　真	010–62179148
网　　址	http://www.cspbooks.com.cn

开　　本	787mm×1092mm　1/16
字　　数	250 千字
印　　张	11.75
彩　　插	2
版　　次	2014 年 4 月第 1 版
印　　次	2014 年 4 月第 1 次印刷
印　　刷	北京市凯鑫彩色印刷有限公司
书　　号	ISBN 978－7－5046－6550－8/TB・89
定　　价	41.00 元

2012—2013
图学学科发展报告

REPORT ON ADVANCES IN GRAPHICS

首席科学家　孙家广

专 家 组

顾　问　谭建荣

组　长　何援军

成　员　童秉枢　丁宇明　蔡鸿明　张　强

项 目 组

组　长　李　华　贾焕明

成　员　（按姓氏笔画排序）

王　静　孙林夫　沈旭昆　邵立康　陈锦昌

赵　罡　席　平　高满屯　强　毅

学 术 秘 书　杨　洁

2012—2013

图学学科发展报告

REPORT ON ADVANCES IN GRAPHICS

序

科技自主创新不仅是我国经济社会发展的核心支撑，也是实现中国梦的动力源泉。要在科技自主创新中赢得先机，科学选择科技发展的重点领域和方向、夯实科学发展的学科基础至关重要。

中国科协立足科学共同体自身优势，动员组织所属全国学会持续开展学科发展研究，自 2006 年至 2012 年，共有 104 个全国学会开展了 188 次学科发展研究，编辑出版系列学科发展报告 155 卷，力图集成全国科技界的智慧，通过把握我国相关学科在研究规模、发展态势、学术影响、代表性成果、国际合作等方面的最新进展和发展趋势，为有关决策部门正确安排科技创新战略布局、制定科技创新路线图提供参考。同时因涉及学科众多、内容丰富、信息权威，系列学科发展报告不仅得到我国科技界的关注，得到有关政府部门的重视，也逐步被世界科学界和主要研究机构所关注，显现出持久的学术影响力。

2012 年，中国科协组织 30 个全国学会，分别就本学科或研究领域的发展状况进行系统研究，编写了 30 卷系列学科发展报告（2012—2013）以及 1 卷学科发展报告综合卷。从本次出版的学科发展报告可以看出，当前的学科发展更加重视基础理论研究进展和高新技术、创新技术在产业中的应用，更加关注科研体制创新、管理方式创新以及学科人才队伍建设、基础条件建设。学科发展对于提升自主创新能力、营造科技创新环境、激发科技创新活力正在发挥出越来越重要的作用。

此次学科发展研究顺利完成，得益于有关全国学会的高度重视和精心组织，得益于首席科学家的潜心谋划、亲力亲为，得益于各学科研究团队的认真研究、群策群力。在此次学科发展报告付梓之际，我谨向所有参与工作的专家学者表示衷心感谢，对他们严谨的科学态度和甘于奉献的敬业精神致以崇高的敬意！

　　是为序。

2014 年 2 月 5 日

前　言

图用于描述世界、反映世界、展现世界与想象世界。图是人类描述思想，交流知识的基本工具，是人类共同的语言、协助人类思考与交流。

探究图的本质属性，明确图形与图像的关系，从表现的视角理解图形和图像只是具有线形、宽度、颜色等属性信息的点、线等基本图元的不同组合。计算机科学与技术的发展使图形与图像的区别被逐渐模糊化，因此，在计算机语境下用"图"来统称"图形"与"图像"是合适的。揭示"图"和"形"的关系，形是客观与虚拟世界的表示和构造，图是形在画面上的展现。形的属性是表示，图的属性是表现。形是图之源，图展示形，是形的载体、形的表现。

报告提出"大图学"的概念，将分散在其他学科中有关图的理论与技术整合在大图学的概念下，用"图学"之名统一计算机图形学、计算机图像学、工程图学等现有学科，规范我国的《学科分类与代码》GB/T 13754-72 中有关图的理论、技术和应用分散在许多学科中的不科学分类。阐述了图学学科的定位，认为图学与文学和数学一起，共同支撑科学与工程的发展，引领生活。并给出了图学学科的定义，认为"图学是以图为对象，研究在将形演绎到图的过程中，关于图的表达、产生、处理与传播的理论、技术与应用的科学。"从形的角度去统一、去研究、去发展图学的基础理论、基本方法；阐述图学的理论基础、计算基础、应用基础；揭示形的几何品质，认识几何与几何计算在图学中的地位和作用的根本性。

报告给出了一个图学学科框架体系，并选择与安排了9个专题报告分别支持这个由图学基础、应用支撑、图学应用三个层次以及图学教育与图学标准两个支撑组成的框架体系。这些专题报告统筹理论与应用，兼顾深度与广度，保证了图学学科框架的稳固性。

报告旨在准确阐述图与图学的定义和定位；展示我国在图学理论、方法与技术方面的最新成就，以若干典型的应用去展现图学在这些领域的支撑及不可替代的作用；展望学科发展的新需求、新特点、新动向；推进图学科学的新发展，创建图学学科的新局面，让图学教育承担起认识世界、传承文明、创新理论、咨政育人、服务社会的神圣职责。

《图学学科发展报告》是中国图学学会首次发布的学科报告，组织了本学科领域的相关专家，调动了全部专业委员会，召开了数次全国性的讨论会，从大处着眼，小处入手，反复斟酌，数十次易稿。学会感谢参与讨论、撰写、修改、审定本报告的各位专家、老师和学者。一些思想与观点是首次被提出，诚望图学界同行批评指正。

中国图学学会

2013 年 10 月 30 日

目　录

综合报告

专题报告

ABSTRACTS IN ENGLISH

Comprehensive Report

Reports on Special Topics

综合报告

图学学科发展研究

一、引言

    人类通过视觉、听觉、嗅觉和味觉获得各种信息，其中 80% ~ 90% 来自视觉，即看到的各种各样的图。因此，图与文字、语言一样，成为人类描述思想与交流知识的重要工具，是人类获得知识的重要来源。"一图胜千言"（A picture is worth a thousand words），由于图所包含的信息量大并且易于理解，图便成了一种通用的"语言"，在工农业生产、科学研究、国防、教育、文化产业中都离不开它。近年来在社会强大需求的推动下，在与计算机技术和信息技术的紧密结合中，有关图的理论、技术和应用获得了快速发展，由此形成了一门新的学科——图学。

    图学主要研究"图"与"形"的关系。它是一门以图为核心，研究将形演绎到图，由图构造形的过程中图的表达、产生、处理与传播的理论、技术及应用的科学。

    从历史角度看，文字、数、图都是人类表达思想、交流知识的工具，在其发展的长河中，文字和数已经分别形成了文学学科和数学学科，但图恰长期没有形成一门图学学科。报告认为，构建科学与工程的最底层的基础不仅有文学和数学，还应该有图学。文学、数学和图学三者共同支撑科学与工程的发展。

    图学学科发展报告由中国图学学会组织本学科领域的相关专家共同撰写，报告旨在准确阐述图与图学的定义和定位，整合分散在其他学科中有关图的理论与技术，构建图学学科的框架体系，展示我国在图学理论、方法、技术和应用方面的最新研究进展，指出图学学科的发展前沿，展望图学学科的发展趋势，提出相应的建议。

二、图与图学

    谈到图，人们常常会想到图纸、图样、照片等，常以图形或图像称之。但有很多疑问，例如：图形与图像有什么不同，又有何相同？它们可否统称为"图"？如果是，什么是图？图的本质属性是什么？图之源在哪里？工程图学、计算机图形学、计算机图像处理，这些现存学科的关系是什么？它们可否合称为图学？如果是，图学研究是什么？它的学科范围究竟应该如何界定？它的理论体系、知识基础、方法论又是什么？等等。

本报告将阐述图与图学的地位，特别是在计算机背景下的图与图学的定位与定义；揭示图的本质与属性，讨论图与形的关系、图学科学与学科的界定；提出"大图学"的概念，论证图学设为一级学科的可行性与必要性，它的理论与实践依据；构建图学的学科框架体系，厘清图学与几何、代数等传统科学以及计算机等新兴科学之间的关系，制订图学学科规划蓝本，展示图学学科发展蓝图。

（一）图

当今社会已进入数字化时代，这个时代是"图形 / 图像时代"，它的主要认知方式是视觉形象方式，这是一种全球化的联络模式，语言的阻隔被打破，文字的垄断被消解。传统文学借助于文本对人的间接性和想象性体会与感悟转变为借助于图形（图像）对现实的记录、展示和消费。虚拟空间介入了现实空间，成为对现实的演绎、复制和扭曲。它改变了文化活动的样式，传统的文化活动主要借助于语言、文字和表演，图形（图像）的应用则表现在社会生活和生产的各个领域、各个层面。

1. 图的地位

图书图书，左图右书。地理之学，非图不明。图与书、诗与画是研究人类文明规律的发展、创新、实践的载体，持续不断地记录着人类社会文明发展的轨迹。图与语言、文字和声音一样，是人类描述思想、交流知识的基本工具，图样更是科学技术界的语言，用于传递设计与加工的构想。它既是人类语言的补充，也是人类智慧和语言在更高级发展阶段上的具体体现，在人类生活中有不可替代的作用。在当今的社会，图更是显现出在人类思维、活动与交流中的巨大作用，图与图学已成为与文字、数字及计算机一样必须掌握的工具。

人类运用图的历史十分悠久，北宋的风俗图《清明上河图》生动地记录了中国 12 世纪城市生活的面貌，宋代李诚所著《营造法式》中已经采用了建筑设计的各种图样。汉字也源于图，象形文字就是从原始社会最简单的图画和花纹中产生出来的，汉字的魅力在形体，"哭"像哭，"笑"似笑，"凸"见凸，"凹"现凹，每个字都有不同的神韵。甚至可以说是图引出文字，引出数字的。

图用于描述世界。图用于反映世界（自然图）、展现世界（描述图）和想象世界（创意图）。自然图，人眼看到的景象，一般由照相等手段获得，例如照片、遥感图、云图、海图、CT 扫描图、工业品探伤图等。描述图，用数学或几何模型及其物理属性表达而转换成的图，如几何图，由代数方程或分析表达式所确定的图，由线框模型、曲线曲面模型、实体模型等转化而成的显示图等。创意图，大脑形象思维的结果，常指图的创意和构想。

图是人类共同的语言。人类以五官了解世界，通过视觉、听觉、嗅觉、味觉和触觉获得各种信息，以语言、文字、声音与图表达思想，描述知识，完成人类的交流活动。可以说，人类获得的极大部分信息来自视觉，即来自各种各样的图。图是人类描述思想、交流知识的基本工具，在人的生活中有不可替代的作用。曾向沧江看不真，却因图画见精神。在当今的社会，图与图学更是成为与计算机及文字一样必须掌握的技术与手段，是"数、理、化"的基础与工具。

图协助人的思维与交流，从认知机制分析，人是基于图而不是基于文字思维的，一个想法总会以"海市蜃楼"的幻象在脑海中出现，虽是一种虚拟的，但是它是以"形"的形式呈现的，要利用人类空间直觉这个最有力的武器。

2.图之源

说到图，先要谈谈"形"。形（shape，form）指形体、形状、形象、外貌。形存在于客观世界，如山脉、江海，植物、动物等自然界的物体；机电产品、器具、物件、服装等人工制造的物体；雷电、云海、雨雾、风暴等自然现象。形也存在于虚拟世界，如动画、游戏、科幻作品、分形图形等。形有动、有静，或固定、或变化，或现实存在、或虚拟想象。形拥有自己的属性，用来说明形的性质，例如有：自然性、人造性、虚拟性，静止性、运动性、有形性、无形性等。

再来看图，这里的"图"，非谋划，而图画（picture，drawing，painting）也。图是用于描述世界、反映世界、展现世界与想象世界的，图用于表达形。《辞海》对图的解释是："图是用线条、颜色显示出来的事物形象。"，文献［4］认为，"图是形的载体，是形的表现，形的视觉表达"，文献［5］从计算机的角度认为"形是表示，是输入；图是展现，是输出"。

单独的"形"，似乎更偏重于指"物体"，不管它是客观存在的，还是虚拟想象的，它的本质是"表示"。而"图"，是对"形"的描述与展现，它的本质是一种"表现"。

因此，形是图之源，图是形的表象。形，不管它是客观存在的，还是虚拟想象的，它的属性是"表示"。而图，是对形的描述与展现，它的属性是"表现"。

在计算机中，形一般采用模型表达，有几何模型、数字模型、数学模型等。而模型又是由各种几何构造的，有点、直线、曲线、平面、曲面等，因此模型的本质是几何。没有几何，图形（图像）将是无本之木，所谓的像素、光照、阴影等皆无意义。例如，计算机图形学的一项主要工作是将计算机中抽象的模型转换为人们可以直观可见、形象理解的图形或图像表达出来。这是对几何的视觉（图形或图像化）演绎，是几何模型的视觉实现过程。它综合利用数学、物理学、计算机以及心理学等知识，将几何模型的形状、物理特性（如材料的折射率、反射率、物体发光温度等，机械强度、材料密度等对运动模拟的影响等），以及物体间的相对位置、遮挡关系等性质在计算机屏幕上模拟出来。这个过程犹如一个电影导演将剧本拍成电影，是一个将几何演绎到画面上的再创造过程。

由此，图乃万物之现，与宇宙同生并存，叙述苍穹之变化，记录天地之演化，承载人类文明，展示人类文化。

应该从形的角度去统一、去研究、去发展图学的基础理论与基本方法。

3. 图、图形与图像

在科技典籍与文献中，经常出现术语"图形"。当它们在工程中，就会与"文字"等组合在一起，形成所谓的"图样"。这一传统的"图形"一词可能源于图是一种形的表现，由图即知形，以图传播形。但是"图形"中的"形"更偏重于"形状"的意思，而不是形的全部内涵。

随着计算机的出现与应用，"图像"的概念被广泛应用，例如由摄影（照片）、扫描、卫星传感等得到的画面等。

传统意义上的"图形"与"图像"是有区别的。

图形，以矢量图形式呈现，计算机中由景物的几何模型与物理属性表示，能体现景物的几何个体，记录体元的形状参数与属性参数，如图样。图形存放的方式常是几何数据、坐标、代数表示式等，处理图形的典型科学是"计算机图形学"。

构成图形的要素是图形元素间的拓扑关系，如连接关系、交（切）关系等。因此，图形是二维结构，产生一幅图形的主要工作是决定组成该图形的几何元素间的关系。

图像，以点阵图形式呈现，它更强调整体形式，记录点及它的灰度和色彩。如照片、扫描图片和由计算机产生的真实感和非真实感图形等。图像存放的方式常是像素的位置、颜色及灰度信息。对图像，可以用滤波、统计等信号处理的方法进行颜色处理、编辑、压缩、分割与融合等操作，其边缘检测则与图形处理是一种交叉。处理图像的典型科学是"计算机图像处理"，但由形产生图像的过程称为"绘制"（rendering），常被认为是"计算机图形学"的事。

构成图像的要素是点的属性，由形产生一幅图像的主要工作也是决定几何间的关系。光照计算就是决定光线与空间物体表面各相交点的可见与隐藏或透明关系，据此求取相应像素的属性信息。相机拍摄照片也基于这个原理。

计算机科学与技术的发展使图形与图像的区别逐渐被模糊化，例如在计算机屏幕上，展现在人们面前的，不管是"图形"，还是"图像"，都是由离散的像素组成的画面（图）。因此，在计算机语境下用"图"来统称"图形"与"图像"是合适的。

（二）图学

1. 图学的地位

先看看人们现在对最基础的数学和文学的认识。《现代汉语词典》（第六版）第 1212 页对数学的定义是："研究现实世界的空间形式和数量关系的学科。"《现代汉语词典》（第六版）第 1364 页对文学的定义是："以语言文字为工具形象化地反映客观现实的艺术。"

先不管数学定义中的"现实世界"与文学定义中"客观现实"中关于"虚拟世界"与"虚拟现实"的缺失，两者提及的"现实世界的空间形式"和"形象化地反映客观现实"不都与图和形有关，都起源于"图（形）"而又终于"图"。即图与图学也起着与数学和文学一样的支撑作用。在计算机时代，图学更是所有自然科学、人文科学、社会科学的基础与支撑，它的地位应与"文学"与"数学"相当。

2. 图学的定义

望文生义，图学是研究图的科学，它的研究对象是图。实际上，图学的范围与作用远非如此，它模拟现实世界，构造虚拟世界。这里，"形"是客观与虚拟世界的表示和构造，"图"是形在画面上的表现。抽取核心，图学的定义可以表述如下：图学是以图为核心，研究将形演绎到图，由图构造形的过程中图的表达、产生、处理与传播的理论及其应用的科学。

在计算机出现之前，图的产生主要依赖于手工绘制，基于手工作图的相关理论和方法也被看成是图学学科的主要内容。典型例子就是各种工程图的绘制理论与方法，并由此形成了一门学科被称为"工程图学"，工程图学的几何理论基础是画法几何、射影几何等。目前，国内将工程图学与工程数学、工程力学同定为二级学科，它们常被视为是工科的基础。

计算机的快速发展，促使图学理论与计算机技术、应用数学、物理学等紧密结合，开创了"计算机图形学"与"计算机图像处理"等与图有关的新兴学科。还产生了一些基于形与图的学科，如"计算机辅助设计"（CAD）、"计算机辅助几何设计"（CAGD）等。

3. 图学学科的定位

随着科学技术的发展，新的交叉学科会不断出现，但它们又常常来不及被及时反映在学科分类与代码标准中，图学就是一个典型的例子。

根据 2009 年我国国家标准《学科分类与代码》GB/T 13745—2009 中的名词解释，图学学科类在我国学科分类中最高的只有作为工程与技术科学基础的"工程图学"为二级学科，其他有关图的学科则分散在机械、计算机、信息与系统、电子、地球、测绘等各个领域的三级学科中（见表）。例如："工程与技术科学基础学科（410）"下的"工程图学（41060）"学科；在"计算机科学技术（520）"的"计算机应用（52060）"下的三级学科"计算机图形学（5206030）"等。上述放在三级学科中的"计算机图形学"的定位显然是不合适的，它本身并不是的一种独立的"应用"，它是计算机（图形显示、程序语言、数据结构和交互技术等）、数学（向量、矩阵、变换和几何计算等）、物理学（运动、光学及颜色等）以及美学（布局、色彩等）等多学科的一个交叉，是众多计算机应用的基础与支撑。而表中将"图形图像复制技术（4203030）"作为三级学科就又显得有点单薄。这种不太科学的分类标准制约了图学的理论基础、应用基础及图学应用的研究与发展。

国家标准中与"图"有关的学科分类与代码表

一级学科	二级学科	三级学科
工程与技术科学基础学科（410）	工程图学（41060）	
机械工程（460）	机械设计（46020）	机械制图（4602040）
计算机科学技术（520）	计算机应用（52060）	计算机图形学（5206030）
		计算机图像处理（5206040）
		计算机辅助设计（5206050）
		计算机仿真（5206020）
与信息与系统科学相关的工程与技术（413）	仿真科学技术（41315）	仿真科学技术基础学科（4131510）
		仿真建模理论与技术（4131520）
与自然科学相关的工程与技术（416）	生物医学工程学（41660）	医学成像技术（4166070）
电子与通信技术（510）	信息处理技术（51040）	图像处理（5104050）
地球科学（170）	水文学（17055）	水文图学（1705535）
测绘科学技术（420）	地图制图技术（42030）	地图投影学（4203010）
		地图设计与编绘（4203020）
		图形图像复制技术（4203030）
		地图制图技术（4203099）
	海洋测绘（42050）	海图制图（4205045）

纵观工程图学、计算机图形学与计算机图像学发展的历史，图形、图像科学已经发展到几乎彼此不分的历史阶段。统一图形、图像的研究顺应了这个形势，符合图形、图像发展的规律，应该建立"大图学"概念，将"图学"设为一级学科，构建图学专业。

4. 图学学科体系

根据以上对"形"、"图"及"图学"定位、定义以及本质的分析，本报告拟以图学基础层、应用支撑层和图学应用层的三层结构，图学教育与图形（图像）标准2个支撑表述图学学科的框架体系（见图1）。

图学基础层包含图学公共基础、图学计算基础和图学理论。

图学公共基础。图学的核心是几何，图学是与几何学同步发展的科学，图学的历史也是几何的历史，早期的画法几何也是几何的一部分。因此，图学的公共基础就是几何学（含画法几何、射影几何等）以及计算需要的代数等。

图学计算基础。计算是一切科学的基础与主要工作。从人类的计算历史看，计算源于图，从人类计算的特点看，计算基于图形思维。因此，人类的计算源于图形也基于图形，

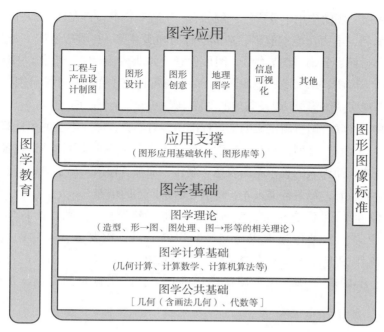

图 1　图学学科框架体系

由具体的形，到抽象的形，再到更抽象的图，最后归结于几何。图学计算的本质就是决定组成该图形的几何元素间的关系或者决定像素的属性。形是二维及以上的，图是二维的，计算是一维的，解决二维的几何关系与一维的代数方法间的矛盾是构建图学计算基础的根本。所以，应该以人的三维思维、从形的角度去解决"一维计算生成二维图"的矛盾，实现"形计算"。从"计算"与"几何"这两个最核心要素去统一图学的计算基础，它依赖于几何计算、计算数学以及计算机算法等。

图学理论。图学是将形变成图，由图构造形的科学。根据形是图之源，图是形的表现，图学理论应该包含以下几个方面：造型理论、由形→图的理论、图的处理理论、由图→形的理论以及图的传输理论等。这些理论、方法和技术借助于其他学科或是学科交叉。例如：

（1）以"计算几何"为代表的建模理论（几何造型、曲线曲面等）。

（2）以"工程图学"为代表的机械、建筑、土木、水利、电气、园林制图等。

（3）以"计算机图形学"为代表的由形生成图的理论（真实感与非真实感图形，基本图元光栅化、图形变换、裁剪与消隐、绘制等）。

（4）以"计算机图像学"为代表的图像处理理论（图像编辑、压缩、分割与融合、颜色处理、边缘检测等）。

（5）以"CAD"为代表的图形编辑和几何造型等。

应用支撑层。在对相关领域理论、技术与应用深刻理解的基础上，建立和开发相关应用领域的图形基础软件、图形库等，使图学应用建立在一个更高的起点与平台上。

图学应用层。图的应用十分广泛，例如有：工程和产品设计制图（如机械、土建、园林、化工、水利、电力、航空航天、造船、轻纺和服装等）；图形设计（如图标、广告、包装、网页、封面、装饰、图表等）；图形创意（如动画、游戏、艺术、书法等）；地理图学（如地图、海图、水文图、地质图等）；信息可视化（如科学计算可视化、计算信息可视化与虚拟现实系统等）；以及其他的图应用。

图学教育。在联合国重新定义的文盲标准中，对不会读图、不会使用计算机就被列入信息时代的"新文盲"之列，因此，图学学科需要建立完整的教育体系，在各类不同层次的人群中进行广泛而深入的关于图的表达、制作、加工、输入（出）等的教育与教学，包括学历与非学历教育，覆盖各类人才，特别是创新人才的培养。

图形图像标准。"没有标准，世界的运行将戛然而止"。图作为科学、工程、艺术等的交流语言，一种传递构想与交换知识的工具，需要遵循一定的规范与标准。包括图样的制作标准，图形的交流格式（如 STEP、DXF 等），图像的存放与交流格式（如 JPG、BMP 等）等。图形图像的标准化支持人类创意的交流，是图学的重要成果之一。

三、图学学科最新研究进展

（一）图学理论的研究进展

图学理论包含造型理论、由形显示成图的理论、图的处理理论、由图反求形的理论、图的传输理论以及几何变换等共性理论等。例如，曲线（曲）面的构造、线图的生成与理解、点（像素）图的生成与处理、逆向工程理论等等以及三维空间的变换与三维到二维的变换等。这些理论、方法和技术除了公认的工程图学、计算机图形学、计算机图像学以外，还借助于其他学科或是学科交叉，典型的学科代表是计算几何、计算机辅助几何设计和 CAD 等。本报告摘要介绍其中的立体线图和图形变换理论与方法等的研究进展。

1. 计算机理解立体线图方面的研究进展

线图是图的一种重要形式，立体线图一直是人与人以及人与计算机之间实现三维实体（或场景）信息交换的一种重要媒介。计算机理解立体线图是图学科学的一个重要研究专题，其研究内容包括草图的识别、立体线图的标记、不完整立体线图的完整、面识别、从立体线图恢复三维实体的结构形状信息、基于模型从立体线图识别三维实体、三维实体的美化等问题。

我国学者在计算机理解立体线图方面取得了较大的进展。①在草图识别方面，首次将折线段引入到线元中，将单一线元分为折线段曲线和二次曲线两类。提出了 3 种笔画分割方法，包括基于几何特征的笔画分割方法、基于速度特征的笔画分割方法和基于混合特征的笔画分割方法。②在立体线图标记方面，给出了能标记符合人们画图习惯的立体线图标记方法，研究了符合人的一般画图习惯的不完整立体线图补线方法。③在不完整立体线图的完整方面，基于平面立体的立体线图标记技术，给出了符合人的一般画图习惯的不完整立体线图补线方法，这是一个适合于一般立体不完整立体线图的完整技术，不但能够补上立体线图中缺少的线段，而且可以删去立体线图中多余的线段。④在面识别方面，提出了能识别符合人们画图习惯的画隐立体线图中面的算法，它综合利用线框模型几何信息和拓扑信息，依据识别嵌套回路中表示面的内外回路和由回路围孔洞的判别规则，提出了从含孔洞平面立体的线框模型识别面的完整算法。⑤在立体线图的定量理解方面，提出了基于直线解释透视投影线图和轴测投影线图的机理，能修正线图中的误差，使立体线图成为场景中物体的投影图，允许立体线图中的直线有较大的位置误差，线段的长度误差不影响立体线图的理解。

2. 图形变换理论与方法的研究进展

图形变换在本质上是建立在集合的变换与映射基础上的几何变换。在空间（含平面）的自身变换，如平移、旋转、仿射变换以及降维变换等，如空间向平面的投影变换。在图形变换方面，我国学者作出了 3 项研究成果。

（1）提出了一种"图形变换几何化表示"的方法

根据仿射变换理论，将图形变换与基本几何元有机地联系在一起，用有向直线求解系列函数构筑图形变换齐次矩阵。统一了平移、旋转、错切、对称和比例等几何变换矩阵的表示形式，使几何变换与几何的定义与求解函数统一，便于记忆、便于教学、便于应用、便于软件系统的统一编制，也提高了系统的稳定性。

（2）提出了对"投影"与"投影变换"问题的处理新方法

国内外一些已出版的图书对投影及投影变换过于强调矩阵化的描述，认为这是将几何问题教条性地代数化的一个典型。其实，从几何的角度看，取空间点 3 个坐标中的某 2 个坐标就是向坐标平面的正投影，而几何是坐标不变的，正投影是相对的，因此投影并不需要作所谓的变换。

给出了"向空间任意面投影"的简单方法，相对于主几何元构建一个"计算坐标系"，使空间几何计算可以在一个相对简单的表述下计算，降低了计算的复杂度。

（3）解决了透视参数的定量定值问题

从几何的角度揭示了透视的本质：与画面成一角度的平行线簇经透视变换后交于灭点。提出可采用两种不同的方法来获得透视图：一是保持画面铅垂而通过旋转物体使之与画面构成角度达到透视变换效果，得到了 3 种最佳透视变换矩阵；二是通过倾斜投影画面而达到透视变换效果，给出了通过倾斜画面得到三灭点透视图的齐次透视变换矩阵。这两种方法的灭点都可预先控制（即可先决定灭点再决定变换矩阵），从而比较彻底地解决了透视变换的产生机制和透视参数的定量定值问题。

（二）图学计算基础的研究进展

根据形是图之源，图的本质是几何，图学的基础是几何的论点，图学的计算基础是几何计算。因此，构建一个较为统一、完整、有效、相对稳定的图学计算平台是图计算的一项重要工作。国内学者在这方面做了许多工作，特别在几何计算理论、形计算机制以及几何计算稳定性理论方面取得了一系列成果。

1. 几何计算理论的新进展

首次以"几何计算"的方式阐述几何算法。提出了一个基于几何问题几何化的几何计算理论体系与实施框架。①强调几何计算在图学中的地位：认为图学的计算基础及主要工作是几何计算。②强调几何问题几何化：淡化几何问题的代数方法，强调从几何的角度，用几何的方法去处理几何问题。③引入形计算机制补充常规的数计算方法：既重视几何理论的作用，又注意发挥画法几何的理论。④重视解的不同表述方式。认为在计算机科学高度发达的今天，有必要重新审视计算结果的表述形式，不能一味追求所谓显式解，应该考虑几何、代数、画法几何、计算科学理论、计算方法、方式与计算结果的表述。⑤降低几何计算的复杂度，提升稳定性。提出了一个基于几何数的几何奇异问题的完整解决方案，建立了统一，规范的几何计算体系；充分发掘经典画法几何的投影理论，实现降维计算，降低几何计算的复杂度。

2. 形计算机制研究的进展

文献［19］提出了一种基于几何的形计算机制，相对于常规的数计算机制，这种形计算实际上是基于形的计算，直接以形作为计算单元与计算目标。它充分发挥人、计算机各自的特长，实现"三维思维，二维图形，一维计算"多维空间的融合。

它的基本理论包含两个方面：引入几何基，用几何基的序列构造几何解，对图进行几何构造性求解；引入几何数，更好的表示问题的几何结构和几何性质，简化几何计算的复杂性，使几何计算的稳定性和计算效率大大提高。

这种形计算机制既重视几何理论的作用，又注意发挥画法几何的理论，使"算学 = 数计算 + 形计算"，形成一个统一、规范的几何计算体系，使所谓的算学更完整。

3. 计算稳定性理论的研究进展

稳定就是计算正（准）确性。导致计算不稳定主要有两个原因，由数字计算误差引起或由几何奇异引起。数字计算误差由数制与近似理论解决。对几何奇异问题，文献［19-21］引入几何数，用明确的数字去归结共点、共线、共面等几何奇异现象，通过对几何数的简单运算去判定几何奇异的类型并加以解决。这在理论上构筑了一个几何奇异问题的完整解决方案，形成了一套统一、规范的几何计算体系，实现几何的精准计算，使几何计算更准确化、工具化、自动化。

（三）图形软件开发上的进展

在图学理论研究的指导下，我国在图形系统软件的开发上也取得了一些进展。由清华大学软件学院完全自主研发的 Ti3Dcore 是一个三维图形核心系统。其功能涵盖了草图设计、曲线曲面实体混合造型、非流形形体的集合运算、几何约束求解、基于工程图的三维重建、真实感图形快速渲染和二次开发等多项功能。它结合行业应用，在多元化系统集成技术、产品数据一体化建模、几何表面的品质评价和优化、可定制光源和材质的快速渲染技术、三维可视化仿真技术、基于行业知识的智能设计技术、三维数字化模型的物性计算等方面。该系统已经成功嵌入到建筑等多个行业的应用软件之中，开发了基于 Ti3Dcore 核心的建筑行业系列三维设计系统，已成功应用于北京奥运会城区改建、北京奥林匹克森林公园景观设计、四川地震灾后重建规划、深圳平安国际金融中心、苏州东方之门等重大工程。

（四）图学应用模式的研究进展

1. 图像识别与三维重建

图像识别是利用计算机对图像进行处理、分析和理解，以识别各种不同模式的目标和对象的技术。文献［23］提出了一种计算架构，这种架构可以从 3D 图像中识别并提取出重复出现的结构，而且这并不需要事先提供任何与这种重复结构相关的信息（大小、形状或位置）。

三维重建是指对三维物体建立适合计算机表示和处理的数学模型，是在计算机环境下对其进行处理、操作和分析其性质的基础，也是在计算机中建立表达客观世界的虚拟现实的关键技术。文献［24］介绍了一种发型合成架构，只需提供一种真实的发型，就可以合成一个从空间的发束到几何细节都满足统计上相似的模型。

2. 虚拟现实技术

虚拟现实（Virtual Reality）是一种可以创建和体验虚拟世界的计算机系统，利用计算机技术生成一个逼真的，具有视、听、触等多种感知的虚拟环境。自 2006 年我国颁布《国家中长期科技发展规划纲要》伊始，虚拟现实技术就是信息领域优先发展的三个前沿方向之一。对简易型虚拟现实系统、沉浸型虚拟现实系统和共享型虚拟现实系统，在虚实融合技术、显示增强技术、注册跟踪技术、用户交互技术等一些关键技术上均有长足的进步。

文献［25］研究 2D 环境中的全局光照，并利用这个简单的问题域来推敲在 3D 中实际应该怎样去渲染。它们导出了一整套理论来描述 2D 中的光线传播，并用这些理论来展示如何在 2D 中实现 Monte Carlo 光迹追踪（ray tracing）、路径跟踪（path tracing）、辐照缓存（irradiance caching）和光子映射（photon mapping）。文献［26］提出了一个软件系统，可以用来渲染那些大型复杂场景下图像的全局光照效果。通过采用 GPU，各个部分提升速度达到 2 ~ 20 倍，从而大幅提高了整体的渲染速度。

3. 计算机辅助设计

CAD 是我国计算机应用最早、最成功的技术。通过国家 CAD 应用工程和制造业信息化工程的实施，我国开发出包括众多的 CAD/CAPP/PDM 软件产品，在一定程度上打破了国外软件一统天下的格局，有效地抑制了国外软件的高价入侵。我国已经成功地实现了从二维绘图到模型定义的转换。传统的二维产品定义方式——工程图纸只能定义规则的、简单形状的零件，像飞机这样复杂外形和结构的产品，难以精确、唯一地定义。采用一种特殊的定义方法——模线，形成独特的模线—样板—标准样件的模拟量尺寸传递体系。三维曲面（实体建模）中出现了 2D+3D 的产品定义方式（之间有一个程度的变化）。MBD 已经进入真正的 3D 模型，产品形状＋尺寸＋制造信息等，为一个完整的产品定义模型。

4. 数字媒体技术

数字媒体技术最充分、最完整的应用图形（图像）技术，通过计算机采集、存储、处理和传输的文本、图形、图像、声音、视频和动画等多种信息载体为处理对象，使抽象信息变成可感知、可管理和可交互。

数字媒体技术以计算机图形学和计算机图像处理两个学科为基础，近年来由于图形图像的融合趋势越发明显，文化创意产业特别是数字动漫产业发展迅速，市场需求拉动了关键技术研究，包括：①媒体内容的处理、检索与合成；②三维高效逼真建模；③虚实融合场景生成与交互等方面的研究。

媒体内容处理方面的最新进展，主要有清华大学的简单文字和草图合成新图像、基于人图像数据库的风格化图像合成、图像中结构性物体的替换等；北京航空航天大学的基于媒体库的智能数字动漫合成系统、基于人脸的高效智能检索系统、智能数字动漫合成等；中国科学院计算技术研究所的面向运动训练的视频分析软件系统等。

三维高效逼真建模方面主要有浙江大学的几何数据处理和皮肤变形研究，清华大学的基于骨架驱动的皮肤变形方法，香港科技大学的基于图像的街道建筑建模，北京航空航天大学的大规模点云数据的自动拼接与空洞修复研究，微软亚洲研究院针对物体外观反射属性建模的研究，研制了多套采集设备和建模方法，建立了基于 LED 灯的多光谱 BRDF 采集设备以及可以移动的 SVBRDF 采集设备等。

虚实融合场景生成与交互方面，北京理工大学提出了通过户外增强现实系统来进行圆明园数字重建的解决方案，浙江大学研究虚拟环境与现实环境混合的理论和方法，北京航空航天大学开发了"虚实融合的协同工作环境技术与系统"，并应用到飞机驾驶舱、发动机拆装维护和飞机座椅维护等领域。

5. 地理信息系统

地理信息系统（Geographic Information System，GIS）是以地理空间数据为基础，采用地理模型分析方法，适时地提供多种空间的和动态的地理信息，对各种地理空间信息进行收集、存储、分析和可视化表达，是一种为地理研究和地理决策服务的计算机技术系统。GIS 的基本功能是将表格型数据（无论它来自数据库、电子表格文件或直接在程序中输入）转换为地理图形显示，然后对显示结果浏览、操作和分析。其显示范围可以从洲际地图到非常详细的街区地图。显示对象包括人口、销售情况、运输路线以及其他内容。显然地理信息系统是基于图形图像技术的。

我国已经建立了世界上最大的视频监控网络，包括街道、区、市、省、国家五级监控网，这是典型的媒体大数据，如何在平安城市中起到"保驾护航"的作用？如案件的分析，聚众、盗窃等是当前的瓶颈问题。

文献［28］结合虚拟现实、GIS 和跨媒体技术，提出一种具有高真实感、较强交互能力的情景式数字城市系统实现方法。该方法实现的系统具有数据采集高效、表现手段真实感强、建模成本低和易于扩充等优势。文献［29］提出了一种采用多级联的绘制方法来改进传统基于纹理的矢量叠加绘制过程的算法。在高低起伏的三维地形上无缝叠加二维矢量数据过程中，该算法可以进一步提高矢量纹理的像素有效利用率，减轻走样。整个算法过程完整地利用了现代 GPU 可编程硬件来实现。实验结果表明，文中算法适用于大范围多分辨率地形上的矢量绘制，绘制过程达到了实时，绘制效果令人满意。

6. 科学计算可视化

科学计算可视化（Visualization in Scientific Computing）是计算机图形学的一个重要研究方向，是图形科学的新领域。科学计算可视化的基本含义是运用计算机图形学或者一般图形学的原理和方法，将科学与工程计算等产生的大规模数据转换为图形、图像，以直观的形式表示出来。它涉及计算机图形学、图像处理、计算机视觉、计算机辅助设计及图形用户界面等多个研究领域，已成为当前计算机图形学研究的重要方向。文献［30］对生物化学计算中采用量子化学理论计算蛋白质分子场所带来的巨大计算量问题，搭建起一个GPU 集群系统，用来加速计算基于量子化学的蛋白质分子场。

7. 图像融合

图像融合（Image Fusion）是指将多源信道所采集到的关于同一目标的图像数据经过图像处理和计算机技术等，最大限度地提取各自信道中的有利信息，最后综合成高质量的图像，以提高图像信息的利用率、改善计算机解译精度和可靠性、提升原始图像的空间分辨率和光谱分辨率，利于监测。待融合图像已配准好且像素位宽一致，则可综合提取两个或多个多源图像信息。文献［31］提出一种快速有效的红外与可见光图像融合算法，该算法生成的融合图像更加清晰、自然，且速度更快、更简单。文献［32］提出一种基于提升小波变换的 CT 与 MRI 图像的融合方法，可以更好地满足临床辅助诊断和治疗的需要。该方法与传统融合方法相比性能优越，丰富了融合图像的边缘及细节信息，可取得更好的融合效果。

8. 运动目标检测与跟踪

运动目标检测与跟踪在军事制导、视觉导航、机器人、智能交通、公共安全等领域有着广泛的应用。运动目标检测是运动目标跟踪的前提；运动目标检测，依据目标与摄像机之间的关系可以分为静态背景下的运动检测与动态背景下的运动检测。静态背景下的运动检测，整个监控过程中只有目标在运动。动态背景下的运动检测，监控过程中，目标和背景都在发生运动或变化。在运动目标检测的应用环境中，动态背景相比而言更加复杂。文献［33］提出了一种负对数非线性核变换方法，将动态场景中运动目标与扰动背景线性不可分的问题转换为线性可分问题。该方法通过引入视觉注意机制构建视觉显著性时空域模型，以像素邻域加权条件信息作为分类特征，增强目标与背景的线性可分性，提高动态场景运动目标检测精度。最后结合图像分块建模策略，实现了动态场景中运动目标的高效、实时检测。文献［34］提出一种基于局部二值模式（LBP）的背景建模算法，解决了针对光照突然变化条件下的运动目标检测存在的问题。该算法能有效地处理光照的突然变化，背景更新速度快，检测出的目标接近真实目标。

（五）图学应用进展

1. 图学在基于模型定义技术中的研究进展

近年来，产品的数字化设计和制造技术有了快速的发展，在航空航天、汽车、船舶、机械、电子、轻工等众多领域中得到了广泛应用，是图学应用的一个重要方面。

下面举例说明我国使用计算机最早也是最好的领域之一，船舶行业数字化设计及制造技术的应用情况。

在船舶设计和建造乃至运行中，图起着至关重要的作用。无论在船体初步设计、性能计算、送审、修改、详细设计、施工工艺设计、备料、下料、建造、验收、交船东运作、维修，每个环节都离不开图，都要以图为依据。图的绘制，在船舶设计和建造的整个工作量中，占有很大的比例。早期的船舶型线三向光顺放样处理均采用人工进行，一艘万吨轮的放样工作通常须由一个有丰富经验的技术工人带领，用 5 ~ 10 人 2 ~ 3 个月才能完成。使用计算机辅助造船系统来做，只需 1 个技术人员用 2 ~ 3 天就可完成。图 2 和图 3 是中国船舶工业集团公司应用软件开发中心用 HCS 船体建造系统绘制的图纸。

2. 图学在土木建筑中的研究进展

在建筑行业，近年来最大的进展是建筑信息模型（Building Information Modeling, BIM）的广泛应用。BIM 是以三维数字技术为基础，集成了建筑工程项目各种相关信息的工程数

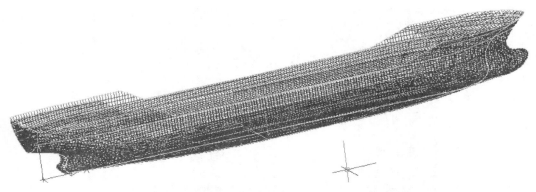

图 2　三项光顺完成后可生成型线立体线框图和船体立体效果图，可直
接观察和检验该船的光顺后的情况

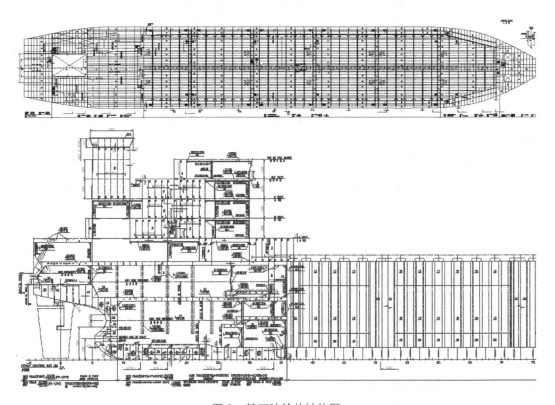

图 3　某万吨轮的结构图

据模型，BIM 具有可视性、模拟性、协调性、优化性和可出图性五大特点，是建筑业应用信息技术发展到今天的必然产物，是图学在建筑业中的典型应用。设计师通过运用 BIM 技术，改变了以往设计的思维方式；承建方运用 BIM，可及时掌握和了解工程信息，有效控制工程质量、进度、成本等，保证项目周期，提高项目质量；管理者运用 BIM，可对项目参与各方的管理和沟通更方便、更有效。图 4 是基于 BIM 的建筑细节展示图纸（由上海现代建筑设计集团有限公司提供）。

图 4　基于 BIM 的建筑细节展示

3. 图学在工业设计中的研究进展

工业设计作为以产品设计为主要对象的综合性学科，随着 CAD、人工智能、多媒体、虚拟现实等技术的进一步发展，基于计算机工具的应用内涵及外延均有快速发展，以计算机辅助工业设计 CAID、计算机支持的协同设计、计算机支持的交互设计、计算机辅助的创新设计等为代表的现代工业设计技术，已成为先进制造与自动化技术领域的研究热点，在制造业得到了广泛应用，也是图学应用的一个重要方面。

目前，工业设计将向多元化、优化、一体化的方向发展，人机交互方式更加自然，创新设计的手段更为先进、智能。

4. 图学在可视媒体中的研究进展

2005 年 12 月 26 日，由科技部牵头制定的《2005 中国数字媒体技术发展白皮书》对"数字媒体"这一概念重新进行了定义：数字媒体是数字化的内容作品，以现代网络为主要传播载体，通过完善的服务体系，分发到终端和用户进行消费的全过程。数字媒体技术是以计算机技术和网络通信技术为主要通讯手段，综合处理文字、声音、图形、图像等媒体信息，实现数字媒体的表示、记录、处理、存储、传输、显示、管理等各个环节，使抽象的信息变成可感知、可管理和可交互的一种软硬件技术。

中国的数字媒体产业起步较晚，但是基础比较好，《国家中长期科技发展规划纲要》（2006—2020）把"数字媒体的内容平台"列为重点领域，数字媒体产业具有"高技术含量、高人力资本含量和高附加值"等特点，科技部通过国家"863"计划在动漫和网络游戏两个领域率先进行了布局，2005 年 5 月 13 日以［国科高发字（2005）150号］文件批准北京、上海、四川成都、湖南长沙组建四个"国家数字媒体技术产业化基地"。

5. 图学教育的研究进展

在图学教育思想的研究方面，我国有一批图学教育工作者多年来坚持不懈地研究两个重要问题，一是图学思维问题，二是构型设计能力培养问题，其研究成果已经有效地应用到了图学教育中。文献［34］给出了图学思维的定义，阐述了图学思维的方法与特点，提出了图学思维的过程模型，叙述了图学思维的训练方法。文献［35］提出了基于构型设计的图学课程的教学理念、目标和教学体系。

在工程图学课程体系内容的改革方面，可谓百花齐放，精彩纷呈，文献［36］总结了课程改革形成的 5 种课程体系模式，给出了相应的案例，叙述了各自的特点，指出了这些成果的示范与借鉴效应。

在图学的数字化教学建设方面，目前已有众多的网络教学系统，一般都包括多媒体授课模块、教学辅导模块（如答疑、习题、解答等）、教学资料查询模块（如课程说明、教学大纲、教学日历、教学模型等）。此外还开发的众多的考试系统，包括题库、组卷、阅卷评分等模块。目前进行的工作是对已有的数字化资源的整理、整合与提高，推进发展图学的数字化课程群。

在模拟训练方面，应用现代图形技术已研制成了军事、公安消防、航天、体育运动等的模拟训练系统，有效地用于进行教学和训练。

在图学面向社会的教育方面，中国图学学会组织了全国范围的 CAD 技能等级培训与考评，已连续进行了 15 年，培训学员达 50 多万人，获得了社会的广泛赞誉。中国图学学会还组织了面向大专院校学生的先进成图技术与产品创新建模大赛，目前已举办 6 届，参赛人数达上万人，促进了图学人才的培养。

在教材与教学团队建设方面，一大批图学类教材被评为国家级或省级精品教材。大学本科的图学类课程被授予国家级精品课程的有 43 门、省级精品课程 69 门，浙江大学等多所院校的图学教育成果获得了国家级教学成果奖，4 所大学的图学教授被授予国家级名师称号，3 所大学的图学教学团队被授予国家级优秀教学团队。

6. 图学标准的研究进展

图学标准化是对图学理论和实践的总结和提升，具有基础、支撑和引领的作用。图学标准化出自学科创新，又不断地促进学科创新。

近年来，图学标准从二维图样标准化向三维图样标准化发展；从图形→图样→符号化→图形文件标准化向产品全生命周期（PLM）管理标准化发展；从图形、图像标准向计算机格式标准发展；从单独制定技术产品文件（TPD）和产品几何技术规范（GPS）向二者相融合趋势发展。目前已提出了我国技术制图标准体系表、制定发布了采用国际标准的第三部《机械制图》国家标准、制定发布了 30 余项《CAD 制图》和《CAD 文件管理》标准，使我国的标准制定与建设达到了与国际同步，SAC/TC146 代表中国主持参与国际标准转化组织／技术产品文件标准化技术委员会（ISO/TC10）的相关工作，我国参与将 20 多项相关的制图国际标准转化为我国国家标准，自 2006 年起我国承担了 ISO/TC10 中的"机械文件标准化分技术委员会"（ISO/TC10/SC6）的秘书处工作，已主持召开了 8 次国际年会，掌握了主导权，这在我国基础技术标准化工作中是一个里程碑。在 ISO/TC10 中，由我国主持制定并已发布的有 ISO/TS128-71-2010，Technical product documentation（TPD）等 3 个国际标准，由我国正在主持制定或立项的有 SO/CD17599 Technical product documentation（TPD）等 3 个国际标准，正在参与制定的还有 ISO/DIS16792 Technical product documentation-Digital product definition data practices 等 6 个国际标准。这表明我国图学标准的研究和应用水平已处于国际先进行列。

四、图学学科的国内外研究进展比较

（一）图学学科的研究进展比较

虽然图与图学的应用遍及各个应用领域，但是图与图学处于与它的应用极不相称的地位，国内外对图与图学的定位、定义及学科体系等没有清晰的认识。国内学者首先看到了这个，对图学的定位、定义、学科框架体系、学科建设等方面进行了深入研究。我国学者还对图学的输入对象、操作的本质内容及方法、处理的内部机理、处理过程等做了深入的研究，对其作出了一些根本性的规约、联系和描述。

（二）图学理论基础研究进展比较

图的基本元素称为图元或图素，图的表示要解决的问题就是图元的生成技术以及图元间如何组织的技术，因此，在图学领域，图元的生成方式以及图元之间的组织方式是重要的理论基础。目前国内外在此问题上都已形成了比较成熟的技术。①图元生成技术。现在已经有大量关于基于例子的模型检索的研究，至于基于草图的检索（Sketch-based retrieval）通常只是在基于例子的检索引擎中研究。使用基于草图的交互来创建新的图形对象或场景是一个有趣的想法，用户只要用粗糙的草图笔画，就能将现有的零件组装成一个对象，甚至还可以从现有对象创建出一个完整的场景。有研究者使用现有的模型交互创作出三维场景。②图形生成与显示技术。在图着色（Image colorization）方面，有研究介绍了一种采用半自动化技术来着色一个灰阶图像，通过一个参考彩色图来转化颜色。在网格纹理映射（Mesh texture mapping）方面，两个常见的纹理映射方法是约束参数化和摄影测量方法。在基于草图的网格分割（Sketch-based mesh segmentation）方面，最近有一些基于草图的网格分割的研究成果，用户只需在网格表面徒手绘制，指定前景和背景，就可更新分割，还可通过迭代和更多的交互来进一步细化分割。在网格着色（Mesh colorization）方面，目前有效的三维网格着色的方法。有一些商业软件，如 Adobe Illustrator、CorelDRAW、3ds-Max、3d-Brush 等，可以用来对三维网格的顶点或表面着色。

但使用这些软件需要较高的专业知识。此外，用这些软件来着色仍然是一个非常耗时的任务。③造型技术。造型主要包括三维实体造型和曲面造型等。数字化制造技术的出现，对于像 3D 打印机，五轴数控机床等这类制造装备，自动生成制造过程中所需的二维或三维加工信息已成为可能，但由于这些设备通常都非常昂贵，因此需要寻找另外的更便宜的设备和数字化制造技术。最近的研究致力于找到一种新的软件技术来实现新的数字化制造，并提出了一种方法，生成滑动平面片模型来近似目标的三维模型。例如有研究者建立了将三维家具模型转化成可制造的平面层集的方法。

在学习、借鉴国外图形理论和技术的基础上，我国已掌握了一批图学理论与技术，主要有：工程图学的理论和设计制图技术，计算机图形学的理论与算法，几何造型的理论与算法，真实感图形生成的理论与算法，发表了许多具有国际先进水平的论文。

我国有效地跟踪了国际图学科学最新的研究方向和交叉学科，包括科学计算可视化、虚拟现实和增强现实、计算机动画、数码艺术等，发表了许多具有国际先进水平的论文，也取得了许多应用成果。

我国图学学科存在的问题：从理论研究上看，在国际上的地位还不高；从应用上看，许多方面仍存在着照搬国外的模式、技术和软件；从研究上看，缺乏来自我国企业的强大需求刺激与支持，导致研究动力不足、基础不厚、研究与应用脱节。

（三）图学计算基础研究进展比较

从"形是图之源"的认识出发，认为图的本质是几何，图学的计算基础是几何计算。与国际上通用的几何代数化方法不同，我们已经建立了"几何问题几何化"的几何计算的全新理论框架及整套实用算法，处理几何表示、几何创建和几何计算中的各种问题。

用数值运算来替代几何关系计算是代数化计算的本质思想。当然，这是很值得庆幸的，这是数学史上最丰富和最有效的创造之一。在笛卡尔"一切问题可以化为数学问题，一切数学问题可以化为代数问题，一切代数问题可以化为方程组求解问题。"思想的统治下，使得代数基本上取代了经典几何的地位。形势变了，几百年来，"数"占了统治地位，"形"变得从属了。几何与代数之间出现了一种令人感到不太自然的关系。长期以来，人们总以这样的思路去解决几何问题，这无意地削弱了几何的作用范围，掩盖了几何的自然属性。计算机的发展，使得这一"偏向"加剧了，因为现代计算机用一系列 0 和 1 来反映其信息并由此给出问题的答案，不需要"理解"。

这不是否定几何代数化，但几何及几何计算是不应该全部被代数化的，应该顺其自然，回归几何，回归"形"与"数"，几何问题几何化。去寻求"从定性、直观的角度去思考，以定量、有序的方式去求解"的几何计算的理论和方法，追求"'形'思考、'数'计算"的境界。

根据几何问题几何化的理论，国内学者提出了以"形计算"补充数计算的论点，分别构建了基于几何基的形计算机制和基于几何数的形计算机制，对数计算的非可读性、几何奇异引起的计算不稳定性等方面有了较大的改善。

（四）图学应用基础研究进展比较

国外图学经过 200 多年的发展，特别是近 60 年的发展，形成了一批成熟的图学理论与技术。而由于历史原因，计算机图形学和计算机辅助几何设计进入我国晚了约 20 年。无论是图形学在工业制造业领域的应用，还是在图学高新科技领域的研究，我国与国外先进国家相比还有较大差距。

图学的应用受到需求的影响，国外图学起步早，经济高度发展，尤其是在进入科技信息时代以后，图学的技术和理论应用到了各个领域。①工程和产品设计领域：包括制造业（如航空、航天、汽车、船舶、工业产品等）、土木建筑业、水利、电力、电子、轻工、服装业等；②地理信息领域：包括地理信息系统、数字化城市、数字化校园、地矿资源分布等；③艺术领域：包括工业造型、装饰、广告、绘画等；④动漫与娱乐业：包括影视、科幻、游戏、动画等制作和模拟训练等。

国内的图学起步较晚，工业也没有国外发达。但改革开放以来，国内经济蓬勃发展，对图学的应用需求也逐渐加强。因此，图学在社会需求和国家级重大工程应用项目推动下，发展十分迅速。从整体上看，我国正迎来一个图学研究和应用的热潮。以图形高科技为核心，我国的几个大的图形产业市场已初显端倪。①二三维 CAD 软件市场，已覆盖了制造、土木、建筑、水利、电子、轻工、纺织等行业；②地理信息软件市场，规模正日益扩大；③动漫产业市场，包括图书、报刊、电影、电视、音像制品、游戏等产品的开发，以及其衍生产品的生产与经营（如服装、玩具等），其预期市值将超过每年 1000 亿元人民币。

五、图学学科发展趋势及展望

图学正在步入一个崭新的时代，在各行各业的应用正日益深入，本节将从图形与动画、图像与视频、虚拟现实与增强现实、可视化、3D 打印等方面阐述图学学科发展趋势及展望。

（一）发展趋势

1. 图形与动画

图形建模是计算机辅助设计（制造）的基础和关键之一。图形建模理论与技术的发展提升了产品的设计水平，缩短了产品的设计、制造周期，使越来越多的优秀产品进入我们的生活。

硬件的发展对图形建模提出了新需求：三维扫描仪的出现与应用，出现了点云的概念，另外如何从点构造曲线、曲面、实体是当前的研究热点。其主要发展趋势包括：

（1）大规模图形建模需求迫切

大规模图形建模的需求非常迫切，热点问题包括快速的城市建模，利用遥感数据的地形建模等。如何利用现有的数据和更便捷的设备，进行更精确、更快速的建模已经成为当前的研究重点。

如何对图形建模进行有效误差控制仍然是个图形建模的公开难题。

最新的研究成果展示了二次曲面相交的所有拓扑分类情况，三次或更复杂的曲面相交拓扑分类仍然存在一些未知空白点，求交精度与控制还有很多未知的因素。裂缝、孔洞、T 连接、交叠、自交等拓扑缺陷和修复仍然在困扰商业图形建模软件。

图形渲染光照细节 / 风格更丰富：图形渲染已经从最初的 Phong 光照模型，到现在的光子映射和蓝噪声消除等理论与技术的发展，在影视、游戏行业掀起了一场革新。其主要方式包括：①极端光照：眩光、微光、阴影、天光（无数光源）等；②极端模型：如毛发等；③渲染风格：景深、焦散等。

动态光照渲染与大规模数据渲染主要集中在新设备上的显示和新显示设备：全息三维显示技术是近年来将全息术、光电技术及计算机高速计算技术相结合发展起来的最具潜力的裸眼真三维显示技术。与传统的光全息术相比，计算全息术避开了全息实际记录光路的限制，可对其他手段获得的三维数据或人工制作的三维模型进行全息图计算，具有灵活、可重复性好等特点。另外移动设备也是一个发展方向，如 Lee 等人开发了一套在手机上进行高清实时光线追踪的硬件系统，该系统依靠于一块可以以多指令多数据（MIMD）方式并行运算的集成电路，相较于传统 GPU 的单指令多数据（SIMD）并行方式可以提供更高效的光线追踪效率。在文章中作者使用低功率的 FPGA 对硬件设计进行了验证，在单采样、1080p 分辨率下达到了每秒 34 帧。

自然现象模拟的逼真程度和效率不断得到提高。20 世纪 80 年代主要采用粒子系统（弹簧模型）等，90 年代开展布料的碰撞检测（自交处理），目前与空气动力模型相结合，进一步提高逼真程度。

图形质量评测仍有待深入研究。在产品设计过程中，高质量的图形生成是保证设计质量的根本，图形质量评测则是进行验证的重要手段并提供依据，例如汽车设计中的 A 类曲面等，这时需要图形满足一定高的几何连续性，这种技术的发展可有效提升汽车、列车、飞机、船舶等产品的力学分析质量，使我们的出行更便捷、更安全。目前存在一阶和二阶的质量评测理论与技术，但其完备性却有待于人们深入研究。三阶及以上的质量评测理论与技术仍然是个空白点。

（2）模型、纹理、材质、风格等的复用与迁移

设计原型与各种素材已经在以几何级数的速度增长，如何合理的利用或迁移现有的模型等设计结果已经成为计算机辅助设计的研究热点。

图形纹理生成：逼真的图形常常离不开纹理。什么样的颜色应搭配何种风格？什么样的肤色穿什么颜色的衣服更好？可以采用图学知识进行推荐。

图形"风格"生成：通过原始图形风格的学习，可以模仿／生成／合成带"风格"的图形。

图像"风格"生成：通过原始图像风格的学习，可以模仿／生成／合成带"风格"的图像。

动画"风格"生成：随着骨骼动画的不断发展，已经可以使得没有"生命"的物体具有仿生的动作效果，无论是英文字母，或是面包、衣架都可以根据其形状特征及动力学模型，建立相应的运动参数模型，从而获得富有"生命"的动画效果。

通过"风格"学习纠正图形：图学可以帮助我们使得绘图变得更"专业"，在大量的数据学习下，通过利用概率分布模型，已经可以对绘画进行校对式的指导。

3D 场景合成：近年来三维场景合成也成为图形学的一个重要研究热点，目前涌现出四大类方法。①基于草图绘制的场景构建（Sketch-based Scene Construction）；②基于实例的场景合成（Example-base Scene Synthesis）；③基于三维扫描的场景重构（3D Scanner-based Scene Reconstruction）；④基于优化的自动组织（Optimization-based automatic arrangement）等。

（3）图形与各种语义信息的融合

图形与各种语义信息的融合是未来的发展趋势，应用领域的深化进一步推动了交叉技术的应用综合研究。

以图形为核心的建筑信息模型（BIM）：建筑信息模型是以建筑工程项目的各项相关信息数据作为模型的基础，通过建筑数字信息仿真模拟建筑物所具有的真实信息。BIM 包含了可视化、模拟性、协调性、优化性和可出图性五大特点，是行业信息与三维模型契合的应用模式。目前，该模型主要应用于项目进度的优化、项目成本优化、建筑品质优化、建筑仿真分析等环节。

2. 图像与视频

据统计，视觉信息占人类获取信息的 80% 以上，可以说，视频和图像信息已成为人们生活和工作不可或缺的重要组成部分。2012 年以后，互联网传输数据 90% 以上将是视频，其在国防军事、医疗、日常生活等领域发挥着重要的作用，如数字电视、数字电影、数字光盘、网络视频、移动视频、视频会议、视频监控、远程医疗、视觉导航等方面。

视频的研究涉及计算机技术、现代通信技术、微电子技术、网络技术、光电成像技术等多个领域的综合交叉。当前视频信息发展的一个重要特点就是媒体泛在性与爆炸式增长。由于视频内容获取途径越来越丰富，如手机、相机、个性化内容制作等；而且，交互途径也越来越丰富，可以说已经全民参与，同时，facebook、Youtube、优酷、土豆等社交网站更是推波助澜。软硬件的发展以及社交媒体的推波助澜，获取途径丰富，交互途径丰富。

图像视频信息逐渐从 RGB 到 7 维全光函数。对于人类视觉的模拟，图像信息可以看作是在空间中的某个位置（3D），沿着某个方向（2D），在某个具体的时间（1D），在具有某个波长（1D）条件下实现场景视觉信息捕获。然而，相加只是对 lambda 的 R、G、B 进行感知，这是远远不够的。为此，近几年，新型的媒体成像手段不断涌现。美国科学院院士 E.H.Adelson 提出 7 维全光函数描述图像视频信息，这是传统图像视频信息的扩展。这是一个具有里程碑意义的开创性工作。

（1）面向大媒体数据的多维语义分析技术快速发展

针对这样的大媒体数据，面临着媒体数据量巨大情况下，如何对有价值信息进行挖掘提炼，这是当前多媒体研究的热门前沿领域。图像主要相关技术发展趋势如下：

图像检索：图像检索经历了基于文本标签的图像技术的初始阶段，之后慢慢转移到基于内容的图像检索以及基于语义的图像检索，然而这些方法专注相似性分析，存在语义鸿沟。同时，检索方法越来越复杂。

媒体挖掘：媒体挖掘经历了数据聚类技术、语义相似理解以及跨模态知识挖掘，面临的最大挑战是如何突破局部数据理解，通过时空关联理解来有效提高挖掘性能。

相似性传递与联合验证：通过时空尺度上的相似性传递与联合验证，可以提高验证结果的有效性。

图像视频搜索：根据图像视频信息进行搜索、识别、跟踪和测量具有广泛的应用。这些应用也让我们的手机、电脑变得更加智能，同时也让我们的生活更方便。

视觉扩展，螳螂虾：在认识世界中，人类视觉也是有限的。有些动物具有更强的视觉感知能力。这里给出了螳螂虾的例子，螳螂虾具有 12 个颜色通道，同时具有偏振与紫外的感知能力，与现有相机相比，有更加强大的功能，可实现多光谱采集，感知深度，因此对外界场景有非常强的敏感性。

数码相机分辨率发展历程：从空间分辨率的角度来看，单一数码相机的分辨率越来越高，2012 年的尼康相机达到了 3600 万的像素。另一方面为了突破单一相机（CCD）成像分辨率的局限，近几年来，相机阵列的技术逐渐进入人们的视野。

超级镜头：欧洲航天局（ESA）正在建造的"盖亚之眼"，已于 2013 年 10 月发射。这将是世界最大、最灵敏的数字成像系统，分辨率将达到 10 亿像素。由 106 块电荷耦合感光器件（CCD）拼接而成。传感器达到 $0.5m \times 1.0m$，世界上传感面积最大的图像系统。能够获得 106.5 度的视角，实现测量三维立体数据。计划拍摄、绘制整个银河的地图。

在时间轴上的分布，多次拍摄成像：如 2012 年全国政协开幕式 12 亿像素的超高清照片：由数百张照片通过后期电脑制作拼接而成，一张全景照片需要数十个小时的工作。

地理位置的分布，从相机到视频监控网络：我国已经建立了世界上最大的视频监控网络，包括街道、区、市、省、国家五级监控网，这是典型的媒体大数据，如何在平安城市中起到保驾护航的作用，如案件的分析，聚众、盗窃等是当前的瓶颈问题。

大规模媒体分析：监控视频的分析除了进行安防外，也可以用来了解交通路况，并建立合理的疏导模型。除对监控视频的分析外，对航拍、卫星图等多种图形信息的分析也在改变我们的生活。在军事领域，通过对视频信息的空间态势分析可以建立当前的战况模型，辅助军事决策。而对气象卫星的监控信息分析可以对大范围的气象变化进行判断。

高分辨率图像视频分析：在野生动物公园中，在大视野下观测对象的活动情况。它可以保证非常高的空间分辨率，在野生动物观测与保护中，可以实现自动对焦，野生动物的自动识别，拍摄角度的自动选取，根据动物是否出现，自动开关机。

（2）立体视频处理应用逐步深化

视频的发展也逐步由模拟信号→数字信号→立体视频，当前立体视频研究热点和应用包括：

视频模糊的自动去除：相比于图像获取，视频获取最容易出现模糊问题，但视频中图像信息的连续性也为去模糊提供了更多的数据依据，现有视频去模糊处理技术，已经可以利用连续帧构建相关模型，对易产生模糊的手持设备视频去模糊。

视频稳定——视频抖动的自动去除：人工拍摄的视频或多或少都会有些抖动。对极几何理论的形成与发展促进了视频稳定技术的出现与发展。

视频运动放大：如何查看细微的运动在现实生活中有很多应用，离散傅里叶变换与拉普拉斯金字塔相结合可以进行视频运动放大。

基于图像分析的人脑认知：图像视频分析与脑科学。

3. 虚拟现实与增强现实

虚拟现实的发展趋势是越来越接近真实的生活，通过多种技术的融合，在一定范围内从视、听、触感等方面近似现实；用户通过交互，与虚拟世界相互作用、相互影响，可以产生亲临的感受和体验。如今虚拟现实技术已经在训练演练类系统、设计规划类系统、展示娱乐类系统、单人或群体的虚拟环境交互式体验中得到了应用。

产品虚拟设计。虚拟现实技术的发展不仅是体现在大众的娱乐生活中，更体现在对专业设计的辅助功能。随着虚拟现实技术的扩展，目前已经形成了以虚拟现实为支持的产品设计技术，用于外观、用户感受、组件布局、产品组装、生产流程的虚拟。沃尔沃、福特、通用、克莱斯勒、英国、法国宇航公司、波音公司都是虚拟现实产品设计技术的使用者。

增强现实。增强现实（Augmented Reality，AR）技术与虚拟现实技术有着很多的共性，但两者之间关键的不同之处在于：虚拟现实技术用软件模拟出的虚拟世界代替真实世界，增强现实技术在真实世界的背景中加入增强的虚拟信息。

增强现实技术借助计算机图形技术和可视化技术产生现实环境中不存在的虚拟对象，利用传感技术将虚拟对象准确"放置"在真实环境中，通过显示设备将虚拟对象与真实环境融为一体，并呈现给使用者一个感官效果真实的新环境。增强现实技术具有虚实结合、实时交互、三维注册的新特点。

增强现实技术是近年来国内外研究的热点，增强现实技术不仅在虚拟现实技术的传统应用领域，如尖端武器、飞行器研制与开发、数据模型可视化、虚拟训练、娱乐与艺术等具有广泛的应用，而且由于其具有能够对真实环境进行增强显示的特性，在医疗研究、解剖训练、精密仪器制造和维修、军用飞机导航、工程设计和远程机器人控制等领域中，同样具有广阔的应用前景。

通过手势的识别及追踪增强现实：通过屏幕前的传感器，追踪人手的动态和手势，实现增强现实及人机交互是当前的研究热点。

4. 可视化

可视化主要借助于图形化手段，清晰有效地传达与分析信息。为了有效地传达与分析信息，可视化对美学形式与功能需求并重，通过直观地传达关键的方面与特征，从而实现对于相当稀疏而又复杂的数据集的深入洞察。在当前信息膨胀的时代，可视化已经越来越受到关注，包括大数据处理、数据融合、评价机制以及智能交互已经成为可视化方向的研究热点。

（1）大规模信息可视化

可视化技术出现以来就一直面临海量数据的问题。目前在处理海量信息的可视化技术主要分为两类：一类是提升算法或计算结构以提升处理能力，但由于这类方法的扩展速度明显会小于信息的膨胀速度；另一类方法则更关注根据数据特点或者应用背景消除无效的数据，以将海量减少到可处理的数据规模。

（2）多信息融合可视化

不同应用往往会关心信息的不同特定方面，这些信息的特定方面往往体现在不同的尺度中，并且受到信息获取方式和成本的现实限制，这些信息往往是异构、异源的。目前针对不同尺度、异构、异源的信息可视化是实现可视化应用的技术瓶颈之一。

（3）多源融合可视化

在医学可视化中的多源信息融合。

（4）可视化结果评价

在可视化技术有效传达信息时，美学形式与信息功能是主要的两个指标，而这两项指标在实际应用中却一直缺乏可量化的评价方式，从而使得可视化技术优劣的评价成为一个难题，目前该方向的研究已经受到了很多关注，其热点集中在利用全监督或半监督的数据学习驱动模型解决可视化优劣的评判问题。

（5）可视化交互

如何利用交互手段反馈用户更关心的信息已经成为可视化技术的研究热点。

现有的方式主要表现在三个方面：①对可视化信息建立合理的索引结构；②利用可视化特征与用户交互；③智能迭代交互。

5.3D 打印

3D 打印技术是快速成型技术，以数字模型文件为基础，运用粉末状金属或塑料等可黏合材料，通过逐层打印的方式来构造物体。随着建模技术、材料技术的发展，现正逐渐用于一些产品的直接制造，在各领域都有相关应用。目前，3D 打印处于"最初的原点"，所有与 3D 打印相关的产业大概只有 25 亿美元，还不到传统制造业的 1%。所占比重虽然小，但目前以每年 25% 的速度增长，甚至被称为"第三次工业革命"。如 3D 打印的无人飞机，用时 4 个月，成本大约 2000 美元，巡航时速达到 72420.48 米。3D 打印的胚胎干细胞，打印 3 天后，超过 89% 细胞存活。

3D 打印是未来竞争的热点之一。美国将 3D 打印技术作为重振美国制造业的重要支撑技术之一。工信部前部长李毅中 2013 年 5 月在"世界 3D 打印技术产业大会"上的讲话指出："3D 打印目前适用于少批量、小尺寸、高精度、造型复杂的零部件元器件的加工制造，难以代替大规模、大批量的加工制造。"

除去打印机外，3D 打印的消耗来源于材料，现在可进行 3D 打印的材料都较昂贵。现有的某些三维模型可能会由于打印材料的自身重量而造成模型损坏，并不适用于三维打印。因此，现有的技术可以对三维模型进行受力分析，并根据可能出现的问题采用不同的方式进行修正，以保证打印模型正常，以此节省材料。

3D 打印在图学中的研究需要攻关和突破的问题：如何将 3D 打印技术与传统制造业融合发展，如何降低 3D 打印成本并提高 3D 打印模型的性能，根据材料性质优化模型结构，复杂模型结构的打印，保证物理特性的结构简化，模型知识产权的保护等。以上问题都是 3D 打印技术投入实际应用时必须要解决的热点问题。

（二）展望

随着图形、图像和视频本质不断地被揭示，图学内涵的深化，外延的扩展，在科学技术与社会生活中应用的步步深入，现代图学将会进入一个崭新的时代。

（1）图形和图像的结合将更为紧密

图形图像融合的绘制方法、图像特征抽取以及图形要素综合处理的技术，将在交叉应用需求驱动下结合更为密切，这也将为多学科交叉及融合提供最为重要的载体。

（2）动画和视频将实现无缝的虚实融合

视觉层面的虚拟世界和物理世界的界限将会消失，多维视频处理将逐步发展到覆盖虚实信息结合的综合处理方式，大数据将成为信息处理方面的重要技术。

（3）基于增强虚拟现实的人机交互方式将更为自然

通过手势、语音、力触感等多模式的自然交互方式将得到广泛应用，多通道交互手段的综合协调将成为重要研究问题，带来人类手足的触及的延伸，认识自然的能力进一步增强。

（4）信息可视化方式将在大数据处理模式的支持下走向更多实际应用

大数据处理模式的发展将直接推动可视化技术的发展和扩展，而大数据与云计算，物联网以及它们的结合将成为大型系统构造的主要形式，面向多维数据融合的信息可视化将成为应用构造及表现的常规手段。

（5）3D 打印对制造业带来巨大的机遇和挑战

3D 打印将改变传统产品研发的模式和周期，加快产品创新节奏，概念层面的竞争将会加剧，覆盖完整产品生命周期的现代工业设计应用将得到更多重视和发展。

未来的五年，在新的社会需求和科技进步的推动下，图学研究将向高科技方向发展，一些新的分支与交叉学科会出现，图形图像融合技术、先进建模及仿真技术、计算机艺术及动漫制作等新技术将投入更多更广泛的应用中，衍生、辐射的科学计算可视化、真实感图形技术、虚拟现实系统、地理信息系统将更加完善、更加逼真，并被广泛地运用到科学研究、航天技术、工程设计、艺术设计、生产实践的各个领域之中，成为人类征服自然、创造生活、探索未来的有力工具。

参 考 文 献

［1］夏征农，陈至立编. 辞海［M］. 上海：上海辞书出版社，1999：934.

［2］徐钦周. 工程图学词典［J］. 北京：科学出版社，1992.

［3］童秉枢. 对图学学科和工程图学学科的若干认识［J］. 工程图学学报，2010，31（6）：1-6.

［4］唐荣锡，等. 现代图形技术［M］. 济南：山东科学技术出版社，2001.

［5］丁宇明. 工程图学学科内涵及分支探讨［J］. 工程图学学报，1998（1）：84-89.

［6］丁宇明. 向交叉学科方向发展的工程图学［J］. 武汉大学学报（工学版），2001，34（6）：75-78.

［7］潘志庚，白宝钢. 中国图形工程（2006）［J］. 中国图像图形学报，2007，12（6）：941-960.

［8］何援军. 计算机图形学（第 2 版）［M］. 北京：机械工业出版社，2009.

［9］唐荣锡，汪家业，彭群生. 计算机图形学教程［M］. 北京：科学出版社，2000：1-22.

［10］James D. Foley. 计算机图形学导论［M］. 董士海，等译. 北京：机械工业出版社，2005.

［11］David F. Rogers etc. 计算机图形学算法基础［M］. 石教英，彭群生，等译，北京：机械工业出版社，2002.

［12］学科分类与代码国家标准（GB/T13745-2009）［S/OL］. http://www.zwbk.org/MyLemmaShow.aspx?lid=117222.

［13］几何学［M/OL］http://zh.wikipedia.org/wiki/%E5%87%A0%E4%BD%95%E5%AD%A6.

［14］将几何代数化的数学家——笛卡尔：http://bbs.matwav.com/archiver/?tid-137115.html.

［15］Euc1id（欧几里德）. 几何原本［M］. http://baike.baidu.com/view/44606.htm.

［16］刘军. 使用最久的数学教科书——《几何原本》. http://www.aoshu.com/e/20090730/4b 8bcd382ff14.html.

［17］几何学，http://zh.wikipedia.org/wiki/%E5%87%A0%E4%BD%95%E5%AD%A6.

［18］周雁翎. 计算：一种新的世界观［M］. http://www.gmw.cn/01ds/2003-06/25/09-144DF9F 2364FD91248256 D50000832A1.html.

［19］何援军. 几何计算［M］. 北京：高等教育出版社，2013，3.

［20］何援军. 对几何计算的一些思考［J］. 上海交通大学学报，2012，46（2）：18-22.

［21］何援军. 几何计算及其理论研究［J］. 上海交通大学学报，2010，44（3）：407-412.

［22］高满屯，储珺，董黎君. 计算机解释立体线图的方法与实践［M］. 西安：西北工业大学出版社，2009.

［23］裴迪，刘振宇，周思杭，等. 基于多尺度高度场修正的零件表面形貌建模及应用［J］. 计算机辅助设计与图形学学报，2012，24（12）.

［24］钱小燕，韩磊，王帮峰. 红外与可见光图像快速融合算法［J］. 计算机辅助设计与图形学学报，2011，23（7）.

［25］Jarosz W, Volker Schönefeld, Kobbelt L, et al. Theory, Analysis and Applications of 2D Global Illumination［C］.

SIGGRAPH，2012.

［26］张繁，王章野，姚建，等．应用 GPU 集群加速计算蛋白质分子场［J］．计算机辅助设计与图形学学报，2010，22（3）.

［27］谭建荣．新科技革命牵引下图学的发展前沿与趋势．大连：第 4 届中国图学大会报告，2013.

［28］陈铭，郭同强，吴飞，等．情景式跨媒体数字城市系统［J］．计算机辅助设计与图形学学报，2008，20（11）.

［29］李融，郑文庭．三维地形高质量实时矢量叠加绘制［J］．计算机辅助设计与图形学学报，2011，23（7）.

［30］Pauly M，Mitra N J，Wallner J，et al．Discovering structural regularity in3D geometry［C］．2008.

［31］钱小燕，韩磊，王帮峰．红外与可见光图像快速融合算法［J］．计算机辅助设计与图形学学报，2011，23（7）.

［32］杨艳春，党建武，王阳萍．基于提升小波变换与自适应 PCNN 的医学图像融合方法［J］．计算机辅助设计与图形学学报，2012，24（4）.

［33］王斌，肖文华，张茂军，等．采用时空条件信息的动态场景运动目标检测［J］．计算机辅助设计与图形学学报，2012，24（12）.

［34］童秉枢．图学思维的研究与训练．工程图学学报［J］，2010，31（1）：1-5.

［35］陈锦昌，陈炽坤，邓学雄，刘林．基于构型设计的工程图学教学体系的探讨［J］．工程图学学报，2006，27（5）：130-132.

［36］童秉枢，田凌，冯涓．10 年来我国工程图学教学改革中的问题、认识与成果［J］．工程图学学报，2008，29（4）.

［37］孙家广．图学引领生活．大连：第 4 届中国图学大会报告．2013.

撰稿人：何援军　童秉枢　丁宇明　蔡鸿明　张　强

专题报告

图学计算基础的研究进展

一、引言

本专题报告旨在阐述图学计算的内涵与理论基础，展示我国在图学计算理论、方法与技术方面的最新成就，展望学科发展的新需求、新特点和新动向。

计算机的发展改变了许多学科的发展方向，甚至改变了学科原来的性质。这种改变有两个，一个是计算机的快速计算能力，另一个是计算机屏幕光栅化所引起的图形/图像的显示能力。前者主要导致计算方法的改变——不再惧怕大量的计算，后者则导致了计算模式的改变——以图形（图像）作为计算结果的一种表述形式。图学计算的性质也随之变化。

何谓计算？计算主义者认为，整个宇宙完全是由算法支配的。因此，计算是一切科学的基础，图学计算也是图学科学的基础。阐述图学计算的内涵，首先要揭示图的本质是几何，在计算是一切科学的主要工作的认识基础上，认识图学的基础是几何计算。由此，分析图学计算的内涵、存在的矛盾与需要解决的关键问题。

本报告揭示图形、图像和视频的本质，探索图学计算的内涵，构造图学的公共基础。将从认知方式入手关注计算在科学中的地位，认识图学计算在图学中的地位和作用；重新审视有关计算的若干历史问题，明晰图学计算的理论基础；从表现的视角理解图形（图像）只是基本图元不同组合的显示方式，揭示图形（图像）的几何特性；从对图形（图像）产生机理的梳理入手，分析图形计算的矛盾，明确图学计算的根本任务；从几何奇异是造成几何计算不稳定性的本源入手，把握图形计算的关键。基于计算与几何两个最核心的要素，用形计算补充数计算，构建更为完整、较为统一、更加有效的图学计算基础，构筑稳定的图学计算理论与平台。

本报告特别关注以下两个基本点：一是指出图的构造不是决定构成该图的图元本身，而在于决定图元之间的相互关系；二是强调在图学计算中仍未被人们普遍重视的一个事实：图是二维的，计算是一维的，用一维的代数计算去决定二维的几何关系是图形生成过程中一个显而易见的问题，而且，数百年来基于数计算的图形计算一直隐含着这样一个矛盾。

本报告还将展示我国在图学计算理论、方法与技术方面的最新成就，展望学科发展的新需求、新特点和新动向。比较国内外研究进展，阐述图学计算的发展趋势及展望。

二、图学计算的内涵

回顾计算历史，从石块、贝壳到结绳计数，到算盘的出现，再到计算机的诞生，随着科学技术的发展，人类社会进入了一个崭新的计算时代。从计数到推理、由实践到理论，从自然科学到哲学命题，人类对于计算的认识在不断深入。

人类的思维是基于图形的。人类的计算历史与人从孩童到成年对数学的认知历程一样，也始于图形，由具体的形，到抽象的形，再到更抽象的图。至今我们仍习惯于通过在纸上涂涂画画的方式把复杂的问题分解提炼，抽象出其本质，说明人类的计算是源于图形、基于图形的。

（一）若干历史问题

"他山之石可以攻玉。"欲讨论图学的计算基础，阐明图学计算之内涵，必须重新审视与之有关的一些历史问题，阐明图学计算的本质。从全局的高度，梳理图学计算的理论与方略，将人类特有的图形分析能力与计算机高超的运算能力结合，构建图形计算的新模式。

1. 是"数学"还是"算学"

数学，望文生义似乎是研究数的科学，其实不然。常规认为数学是研究数与形的科学，代数研究数，几何研究形。自从笛卡尔将坐标及代数中形式化符号体系的表示方法引进到几何学中，实现了几何的代数化。几何（形）的概念可以用代数（数）表示，几何目标也可经代数计算实现。现在讲到计算，人们常习惯于定位于数计算——参与运算的元素是数字，得到的结果也是数字。其实，许多情况并非如此，特别是计算机介入以后，不少科学的性质发生了一些变化。计算方式的表述形式和计算结果的表述并不一定局限于数，例如，算法的序列也是一种解的表述方式。

计算的学问应该叫算学。算学一词很有历史传承，早期的计算有笔算、脑算（心算）、珠算，现在有所谓的电算。我国古代有许多优秀的算学著作，其中，《周髀算经》《九章算术》《海岛算经》《吾曹算经》《孙子算经》《夏侯阳算经》《张丘建算经》《五经算术》和《缀术》等 10 部数学著作是汉代至唐代 1000 多年间的最重要的数学著作，有《算经十书》之称。这 10 部书不仅在我国数学史上占有重要地位，而且有的在世界数学史上也久负盛名。1927 年清华大学设立算学系，1939 年统一改名为数学系。当时对于数学系与算学系两者之取舍还曾发生争议，采用各大学之数学系举行投票表决，双方票数相等，不得结果。时任的教育部长投下决定的一票而确定了数学系的名称，他的理由是"六艺是用'礼乐射御书数'，而易经亦以数、理、象三者为其大纲。"其实，算学一词很有特色，有动态感，且抓住了计算的本质，更能体现计算的神韵，而且从某种意义上说算学的范围似乎比数学的大，例如，在计算机时代，至少算学还包括算法。

2. 是"几何"还是"形学"

几何一词源于古希腊大数学家 Euc1id（欧几里德）的巨著《几何原本》（The Elements），原名 geometria（英文 geometry），被明末科学家徐光启译为"几何"。后人曾称这一译名为神来之笔，音义兼顾。还有另一译名"形学"，如刘永锡等编译的《形学备旨》。传统认为几何在数学中的分工是研究形的，因此，将 geometry 译成形学也未尝不可。

事情的变化起于17世纪初，笛卡尔将坐标及代数中形式化符号体系的表示方法引进到几何学中，将形变成了数。此后，在笛卡尔"一切问题可以化为数学问题，一切数学问题可以化为代数问题，一切代数问题可以化为方程组求解问题"思想的统治下，使得代数基本上取代了经典几何的地位。

另一个问题是画法几何的定位，现在很少有人将画法几何与几何同等看待，其实他们同宗，画法几何也是一门研究形的科学。17世纪一些几何学家是将画法几何的方法与结论视为欧基里德几何学的一部分的，直到1799年法国几何学家蒙日非数学地阐述了投影理论，使画法几何成为一门独立学科，被发展为另一支几何学。有趣的是它所用的方法仍然偏重于几何化。

让人困惑的是，数百年来几何走的是代数化道路，走到了极致，画法几何走的仍是几何化之路，恰仿佛走到了尽头，有些阴差阳错。宇宙，一切空间和时间的综合，宇是空间，宙乃时间，似乎只有形与数才能厘清。如果用"形学"替代"几何"（含画法几何），"数学"替代"代数"，岂不更名至实归？

3. "数计算"和（或）"形计算"

代数管数，几何管形。数引出数计算，形是否可引出形计算？其实，形计算早已有之，在希腊科学中几何学是占统治地位的，其威力之大，以致纯算术或纯代数的问题都被转译为几何语言：量被解释为长度，两个量之积解释为矩形、面积等。现代数学中仍保留的称二次幂为平方，三次幂为立方就源于此。

在欧几里得《几何原本》就有五条公理和五条公设作为形计算的基础，人们在公理体系内对几何关系进行推理和计算。画法几何的尺规作图方法也是只用了几种最基本的作图方法就可完成一大类图形的作图。这些本质上就是一种形计算。由此，计算不应该只是数计算，还应该有形计算。

历史上这样的例子还有不少。搞清这些，才能从全局揭示图学计算的内涵。

（二）图学计算的内涵分析

人们有时会将图形与图像混为一谈，但是，一般人均认可图形与图像的处理方式是存在差异的。其实，他们的计算基础是相同的，因为从表现的视角理解，图形与图像都只是具有线形、宽度、颜色等属性信息的基本图元（点、线等几何）的不同组合。例如，计算机图形学中的隐藏线消除算法与真实感图形绘制算法是分别由三维场景生成图形和图像的典型算法。两者在三维空间的主要计算都是直线（向量）与空间物体的求交计算，计算的目标都是为了求得空间点，前者是 2 个点，后者是 1 个点，只是在最后的显示阶段，他们的工作才各走自己的路，一个取 2 个点得到线段及线的宽度、线型、颜色等属性，组成图形；另一个则只需计算 1 个点的色调、色饱和度和亮度等属性，得到像素，组成图像。

因此，组成图形与图像的基元是几何，图学计算的本质是几何计算。

1. 图、形、几何与几何计算

世界由形构造，形由图在画面上显示，形是图之源。计算机背景下的图学的主要工作就是由图显示形、由图构造形以及由一张图变成另一张图。

在计算机中，形与图均由几何描述，这里的几何是点、线、面，常被称为"几何元"，这些不同的几何元依照一定的拓扑关系构造成不同的场景，在空间构造形；通过投影在平面显示图，此时，点、线常被称为"图元"，不同属性图元的组合构造了所有的图形或图像。

用两个典型的例子说明图、形、几何与几何计算的关系。隐藏线消除是由形显示为图形的典型算法。消隐过程是一条一条线的输出，每条线需与场景中所有物体（面）进行比较，线的各可见部分的交集即为此线的最终可见部分。因此，整个场景的输出（显示）过程就是一条一条地去确定场景中所有线条的哪些部分该显示，哪些部分不该显示？这会涉及大量的几何运算和代数运算。真实感图形绘制是由形显示为图像的典型算法。这是一个光强与色彩的量化、纹理映射、图像合成、帧缓存等基于物理、光学、色彩理论和技术的复杂计算过程。这里，贯穿整个算法的关键计算是从光源发出的每一条光线与景物表面的空间线面求交，包括反射和折射计算都是几何求交、比较等的几何计算。

本质上，图、形、几何与几何计算的关系可以简单地表述为：形是表示，是输入，图是展现、是输出。形与图的基本元素是几何，形的构造与图的形成的本质是几何的定义、构造、度量和显示。因此，图学计算包含数计算和形计算，计算的对象是几何，本质是几何计算。

2. 图形的本质

人工生命理论的创立者兰顿（Chris Langton）认为，"生命的本质不在于具体的物质，而在物质的组织形式。生命并不像物质、能量、时间和空间那样，是宇宙的基本范畴，而是物质以特定的形式组织起来派生的范畴。这种组织原则完全可以用算法或程序表达出来。所以，只要能将物质按着正确的形式构建起来，那么这个新的系统就可以表现出生命。"而这种所谓的"正确的形式"就是生命的算法或程序。所以，算法和程序是把非生命和生命连接起来的桥梁，是生命的灵魂。这在图上也体现出来，例如隐藏线消去算法的关键是根据场景中线与面的遮挡关系决定线在图形中的贡献，但是该线的空间表示是已知的、固定的。因此，一个图形的本质不是决定构成该图形的图元本身，而在于图元的组织形式，决定于图元之间的相互关系。

3. 图形计算的矛盾

还有一个问题存在于图产生的过程中："形是二维或三维的，图是二维的，计算是一维的。"其实，人们长期以来习惯的基于代数的数计算一直蕴涵着"一维计算处理二维问题"这样一个矛盾，遗憾的是，这个矛盾并没有引起人们足够的重视。正如吴文俊先生总结数学机械化的实质是"把质的困难转化为量的复杂"一样，人们习惯于这样的复杂。

计算不应该仅仅局限于数的一维计算机制，也要考虑形的二维形计算机制。有必要厘清形、数、人在图形计算中的特点与关系，尽可能充分的发挥各自的作用，探索型、数、人相结合的图形计算理论，探索求解图形问题的新方向、新方法。应该以人的三维思维，从形的角度，依赖于几何计算、数字计算以及计算机的算法等去构建图学的计算基础。

4. 图形计算的关键

一种计算方法的提出，一个算法的设计首先要考虑的因素就是较高的稳定性，较低的复杂性，再考虑易读性、可交流性等伴随要求。计算的复杂度与稳定性是计算的两个关键问题，也是图学计算中的关键问题。

计算复杂度包括空间复杂性和时间复杂性。空间复杂性一般指存储量的问题，时间复杂性则是指计算的工作量问题。一般从量与质两个方面去降低计算的复杂度，或者减少计算对象的数目，或者降低参与计算对象的复杂度。

计算稳定性问题是一个长期的难题，本质是计算正（准）确性问题。即使在一些已被广泛使用的大型应用系统中，也存在几何引擎的稳定性问题。这里有理论问题，也有实施问题。导致几何计算不稳定主要有两个原因，一是由数字计算误差引起，通常与数制及计算方法有关；二是由几何本身原因引起，因几何间的重叠（共点、共线、共面等）引起的几何奇异而造成判断的不确定性。

三、最新研究进展

本报告列举一些国内在图学计算的理论、方法与技术上的进展，包括在认识论、基础理论与应用理论方面的最新进展。

（一）图学计算基础的认识进展

1. 以形学统一几何与画法几何理论

现在似乎没有人将画法几何列入几何的范畴。其实，画法几何研究的基本对象也是几何，也是研究形的科学。国内学者已经从形的角度去揭示画法几何与几何的共性问题，将其应用于几何计算中。探索以形为核心，综合地、巧妙地融合几何、画法几何、代数与计算机的多学科理论与方法，将各学科的长处融合在一起。反过来，这又为画法几何计算化提供了一条新途径，这是多学科理论与方法的融合与相辅相成。

2. 以图统一图形与图像

传统意义上的图形与图像是有区别的。计算机科学与技术的发展使图形与图像的区别逐渐被模糊化，例如，在计算机屏幕上，展现在人们面前的不管是图形还是图像，都是由离散的像素组成的画面（图）。因此，在计算机语境下用"图"来统称图形与图像是合适的。这种统一对图学科学的发展是十分有益的，它统一了图学计算的源头。

3. 数计算与形计算构成完整的算学

从 20 世纪 80 年代起，国内外就利用现代计算工具对画法几何等传统形计算进行改造，但大都采取代数化思路，掩盖了其本身的光芒。其实，形一般是二维以上的，它的关键是几何间的拓扑关系，代数是一维的，它是线性的有序的运算，两者的矛盾十分明显。Leibniz "形式化整个数学，使之变成一个庞大的代数机器"的学术目标影响下，图形本身的直观、简洁优势似乎荡然无存，更减弱了人类直觉这个最有力的武器。图学计算的关键字是图，计算与图有关，计算也应基于图，用包含形计算与数计算的算学来统一图学的计算基础。

（二）几何计算理论进展

文献［8］首次以"几何计算"的方式阐述几何算法。认为几何的定义、构造、度量、显示以及相关处理（几何相交、几何碰撞、几何分析等）就是几何计算。与数字计算是以"数字"作为计算对象不同，几何计算以各种"几何"作为计算对象，研究基于几何（元）计算的理论与方法。提出了一个基于"几何问题几何化"的几何计算理论体系与实施框架，主要理论包括以下几个方面。

1. 几何问题几何化

几何代数化并非是解决几何问题的必由之路，顺其自然是处理问题的最好方式，回归几何，淡化几何问题的代数（方程）方法，强调从几何的角度，用几何的方法去处理几何问题。

2. 解表述的多样化

在计算机科学高度发达的今天，有必要重新审视计算结果的表述形式，不能一味追求所谓显式解，应该考虑几何、代数、画法几何、计算机科学等综合的理论、计算方法、方式与计算结果表述。

3. 形计算机制

提出了一种基于几何的形计算机制，它是对传统数计算的一种补充。这个形计算机制基于以下两点认识基础。

首先，图是二维的，计算是一维的。代数一维的线性有序运算去处理基于几何及几何间的拓扑关系的二维的图所存在的矛盾一直未被人们认识和强调。在 Leibniz "形式化整个数学，使之变成一个庞大的代数机器" 的学术目标影响下，图形本身的直观、简洁优势似乎荡然无存，更减弱了人类直觉这个最有力的武器。

其次，图的要素并不是构成图的几何元本身，而是寻求几何元之间的关系。例如，隐藏线消去算法的关键是根据场景中线与面的遮挡关系决定线在图形中的贡献，但是该线的空间表示是已知的、固定的，这种关系是基于几何的。

引入 "几何基"，用几何基的序列构造几何解。在数计算层面，充分利用笛卡尔创立的坐标几何思想，用几何代数化方法构建一些基本几何基，它们是常用的作图工具。在形计算层面，则是从几何的角度，去寻求几何问题的几何基求解序列。因此，形计算方法是一个 "从定性、直观的（几何）角度去思考，以定量、有序的（代数）方式去求解" 的更宏观的计算方法，能够有效缓解一维计算与二维图形间的矛盾，既能充分发挥人的直觉功能，也有助于解决计算的复杂度与稳定性两个关键问题。

4. 几何计算的稳定性

计算的复杂度与稳定性是计算的两个关键问题。一种计算方法的提出，一个算法的设计首先要考虑的因素就是较高的稳定性，较低的复杂性，再考虑其他易读性、可交流性等伴随要求。

Christer Ericson 在博客中表现出对目前的一些计算方法的一些担心，认为近年发表的关于求交的理论、方法与算法很多，但这些研究通常是将主要工作集中在如何去加速算法的速度上。他公开宣称对这些只是相对减少了浮点运算的算法 "不感兴趣"，特别指出那些基于 "大规模随机产生相交计算的测试手段很难检测到影响算法稳定性的状况"。这个观点一针见血地指出了目前算法研究中的一些偏向——重速度的提高，轻稳定性的检测。

引入 "几何数"，用几何数更好的表示问题的几何结构和几何性质，使几何奇异的判定与解决转化成几何数的简单数字运算，从理论上构建了一个解决几何奇异问题的完整解决方案。简化几何计算的复杂性，使几何计算的稳定性和计算效率大大提高。

这套几何计算理论的基本思想可以简单地归结为一句话，即多从几何的角度考虑几何问题。通过引入几何基与几何数，构建一个几何计算的理论体系和实施框架。将求解几何问题变成为如何寻找这些几何基的某一个序列，使计算的每一个步骤带有几何意义，形成一种形计算机制。这种在几何层面上考虑几何奇异问题的形计算既简化了求解过程，又能通过对几何数的简单运算，比较彻底地解决了几何奇异问题的判定。

（三）几何变换理论进展

几何变换包含空间的变换及空间向平面的变换。

在几何变换方面，文献［11–13］系统阐述了几何变换的一些问题，给出了 3 个研究结果。

1. 提出了一种"图形变换几何化表示"的方法

（1）根据仿射变换理论，从几何计算的理论和算法出发，根据平面上任意不共线的两个单位向量构成一个新的坐标系，两个坐标系间的坐标变换可由直线方程系数构成的齐次变换矩阵形式表出，而三维空间中任意 3 个不共面的单位向量构成一个新的坐标系。将图形变换与基本几何元有机地联系在一起，用有向直线求解系列函数构筑图形变换齐次矩阵。

（2）这统一了平移、旋转、错切、对称和比例等几何变换矩阵的表示形式，使几何变换与基本几何元的定义与求解函数统一，便于记忆、便于教学、便于应用、便于软件系统的统一编制，也提高系统的稳定性。在物体频繁变化的场合（例如动画），这只需跟踪（记录）物体本身的坐标架就可快捷的决定其位置与方向。

（3）给出了基于几何参数（轴间角与变形系数）构建任意轴测变换矩阵的方法。

2. 修正了"投影"与"投影变换"理论

（1）指出国内外一些已出版图书对投影及投影变换的一些说法过于强调矩阵化的描述，而且投影变换几乎忽略了第三维坐标，这既不符合三维观测流水线处理过程，又缺失了深度信息，损失了约 1/3 的有效信息，即认为在齐次投影变换矩阵中应该保持信息的完整性，这是将几何问题教条性地代数化的一个典型。并从几何的角度看，取点的 3 个坐标中的某 2 个坐标就是向坐标平面的投影了，并不需要作所谓的正投影变换。

（2）给出了"向空间任意面投影"的简单方法。以投影面的法线方向作为投影轴，在投影面上选取共顶点的 2 个互相垂直的单位向量，3 个向量构成的坐标系作为计算坐标系，即可实现向任意给定面的投影。

3. 比较好的解决了透视参数的定量定值问题

（1）从几何的角度揭示了透视的本质：与画面成一角度的平行线簇经透视变换后交于灭点。

（2）由此，可采用两种不同的方法来获得透视图：一是保持画面铅垂而通过旋转物体使之与画面构成角度达到透视变换效果，得到了 3 种最佳透视变换矩阵；二是通过倾斜投影画面而达到透视变换效果，给出了通过倾斜画面得到三灭点透视图的齐次透视变换矩阵。两种方法的灭点都是可预先控制（即可先决定灭点再决定变换矩阵），比较好的解决了透视变换的产生机制。

（3）给出了"对一个空间物体，一定存在另一个空间物体，使前者在画面上的透视投影与后者的平行投影是一样的，且保留了深度方向的对应关系"的一个证明。这个性质可以使复杂的透视投影转化成简单的向坐标平面的正投影，简化了对空间几何的处理与绘制。

四、国内外进展比较研究

先分别从图形的表示、几何计算、图形的绘制等方面简单的罗列一下国外进展，再比较国内外在图学计算方面进展之异同。

（一）国外的进展情况

1. 图（形）的表示

文献［14］提到国外图学经过 200 多年的发展，特别是近 60 年的发展，形成了一批成熟的带有基础性的图形表示技术，研究热点包括：①基于草图的检索与合成技术（Sketch-based retrieval and synthesis）。文献［15］给出了一种根据粗糙草图笔画，由现有零件组装一个对象，甚至由现有对象创建一个完整场景的方法。②自动化图着色研究。文献［16］给出了一种通过参考彩色图来转化颜色，实现灰阶图像的半自动化着色的技术。③基于草图的网格分割（Sketch-based mesh segmentation）。文献［17］介绍了通过一系列的用户交互分割网格到语义部分的方法。用户只需在网格表面徒手绘制，指定前景和背景，算法即可根据这些信息更新分割。④数字化制造技术。数字化制造技术的出现，如 3D 打印机，激光切割机，数控机床（CNC machine），使得自动生成 2D 和 3D 对象成为可能。用于 3D 数字加工的主要工具是 3D 打印机和五轴数控机床，其价格目前仍然较高，因此应用比较有限。最近的计算机图形学研究致力于找到一种新的软件技术方法推进数字化制造技术的应用。文献［18］、文献［19］提出了一种生成滑动平面片的模型来近似目标 3D 模型的方法。文献［20］提出了一种将 3D 家具模型转化成可制造的平面图形的方法。

2. 几何计算的相关理论和技术

几何计算基于传统的数学理论，几何与代数。由于计算机的介入，代数计算发挥了更多的作用，但是，对图形来说，它的基本元素是点与线，因此更多的发挥几何本身的特性在图学中显得更迫切。国外在这方面做了很多的工作。①在仿射几何方法方面，文献［21］

提出了一个隐式曲面（例如仿射度量、共线法线向量和法线向量、仿射高斯、平均曲率）的局部仿射结构的估计量，给出了一个更加简单和稳定的几何简化，避免了直接求导而导致的巨大的计算量和数据的不稳定。②在几何插值方面，文献［22］通过空间有理立方 Bezier 曲线研究了拉格朗日几何插值。此论文展示了在某些自然条件下，插值问题的解是存在并唯一的。论文中多个例子说明了非线性几何细分算法的应用前景。文献［23］通过单调螺旋五次曲线研究了包含终点、切线、曲率的几何 Hermite 数据插值。基于对空间 Pythagorean 速度曲线的 Hopf 映射方程，论文展现了通过解决某一单一变量 12 维的多项式方程可以决定几何 Hermite 插值。③在运动轨迹方面，文献［24］通过开发一套系统的运动轨迹描述机制来实现有效的运动轨迹描述。论文作者提出了一个灵活的运动轨迹信号描述工具，采用移动框架技术实现公式化运动轨迹再生。该研究在机器人学习等方面将有较广阔应用前景。

3. 图形绘制

图形绘制一直是图学计算的重点，因为它的目标就是形成高质量的图形图像，以假乱真。图形绘制的进展在基于硬件加速与软件（算法）加速两个方面。①在基于 GPU 的图形计算机绘制方面，文献［25］采用光线投射法（ray casting）表示圆球，避免了采用多边形化（polygonization）方法表示带来的缺陷，并提出了一种基于 GPU 的快速光线投射方法来渲染圆球，很好地解决了因此带来的大量计算。文献［26］提出了一个渲染大型复杂场景下图像的全局光照效果的软件系统，通过采用 GPU，大幅提高了整体的渲染速度。②在基于降维的计算机图形绘制方面，文献［27］提出了基于二维空间的光线传播模型，建立了用来简化复杂的全局光照理论的理论框架。这种概念上"降维"的方式带来了不少切实的好处：各种全局光照概念在 2D 中的可视化变得更加容易；处理 2D 光线传输及其派生物所需的计算时间大幅减少，这使建模和实验更加简单；由于 2 维中光线传输的表达式比较简单，复杂的全局光照概念的导出变得相对容易；文中描述的 2 维全局光照框架也有在教育方面的潜在应用。文献［28］提出了一种从 3D 图像中识别并提取出重复出现的结构的计算架构，通过一种对相似变换（similarity transformations）的恰当表示将该问题规约到 2D 的网格中，采用了一种优化算法来探测这些网格。该算法在有异常值和缺失信息的情况下也有很好的稳健性，因此在复杂且紊乱的图中也可以有效地发现重复结构。文献［29］介绍了一种分层发型合成架构，它把发型同时看作一个 3D 向量场和一个发束在头皮上的 2D 分布图，只需提供一种真实的发型，就可以合成一个从空间的发束到几何细节都满足统计上相似的模型。

（二）国内外进展对比

与国外相比，我国在图学理论及交叉学科方面有效地跟踪了国际图学最新的研究方向，在科学计算可视化、虚拟现实和增强现实、计算机动画、数码艺术等图学与几何计算的热点研究领域，发表了许多具有国际先进水平的论文，取得了许多应用成果。我国的研究特点分析如下。

1. 在几何问题几何化的研究方面

我国在几何问题几何化方面进行了深入研究。图不仅仅是人类可以表达思想的载体，也是思考和解决问题的有效手段。高性能集群计算对人类社会的进步起到了推波助澜的作用，人类社会也进入了一个崭新的计算时代。随着计算机所处理图形的复杂度和精度要求的急剧提升，我们不得不重新思考图形计算的方法。

与国际上通用的几何代数化方法不同，我们已经建立了"几何问题几何化"的几何计算的全新理论框架及整套实用算法，处理几何表示、几何创建和几何计算中的各种问题。根据几何问题几何化的理论，国内学者提出了以"形计算"补充"数计算"的论点，构建了基于"几何基"和"几何数"的"形计算"机制，对数计算的非可读性、几何奇异引起的计算不稳定性等方面有了较大的改善。

2. 对稳定性的认识与研究方面

近年来发表的研究基础几何计算的理论、方法与算法通常将主要工作集中在如何加速算法的速度上。这反映出目前一些算法研究的一些偏向——重速度的提高、轻稳定性的检测。而在应用中，对一个几何奇异的处理错误往往导致整个系统或者算法的崩溃。

国内学者已开始从根源上研究几何稳定性问题，剖析代数化为主的方法解决几何问题的某些缺陷，指出数百年来的几何代数化一直隐含着这样一个矛盾：图是二维的，数计算是一维的，用一维的代数方法去决定二维的几何关系是图形生成过程中一个显而易见的问题；使用代数化几何计算进行推理时，另一个缺陷更为明显——它产生的正确性往往是不可读的。

国内学者创新性地提出了几何数的理论从几何上去判定几何间的奇异性，而又用简单的整数运算决定几何奇异的选择。还提出了一种对空间问题降维以降低几何复杂度的方法，降维后几何奇异问题也被转化到平面上，这既有助于提升计算的稳定性，也有助于提高计算速度。

3. 在理论研究与应用关系的认识方面

在20世纪80年代我国实施的"甩图板工程"中，投入了大量的人力与物力进行图形处理理论与算法的研究，希望能够开发出我国自己的CAD软件，但持续时间较短。而在应用领域，则大多采用了国外的技术和软件，这就使许多科技人员转到了应用方面的二次开发与研究，忽视了我国自主几何引擎产品的开发。基于上述教训，我国在加强国际交流，跟踪国际图学高新技术的同时，更需要加强基础研究，形成具有我国特色的图学研究方向与新型图学理论，图学方法与图学技术，做出具有原创性、前瞻性的成果。此外，要以应用促发展，捕捉应用中提出的需求，发展有特色的理论、方法与算法，这是赶超国际先进水平的一条重要的途径。要重视产业化开发，特别注意那些具有竞争性的核心技术的开发，以此促进我国图学科技的进步。

五、发展趋势及展望

（一）向着多元化、多学科相融合的方向发展

多元与多学科融合体现在图学计算的各个方面。计算机图形学、计算机图像学与工程图学等图学学科与理论将更加模糊化。计算方式的表述形式和计算结果的表述并不一定是"数"，例如，一方面算法的序列也是一种解的表述方式。另一方面给画法几何以几何地位与作用，发挥其在空间几何图解的优势，重新定位几何、代数与画法几何的关系（至少在几何问题中），回归几何。图学计算理论与技术还将与科学计算可视化、虚拟现实、真实感图形技术、分形图形、数码艺术、计算机动画、图形图像技术等相融合，并将在工程和产品设计、地理信息、艺术领域动漫与娱乐业等领域有更为广泛的应用。

（二）稳定性将成为图学计算的研究热点与难点

图学计算基础的稳定性，特别是几何计算的稳定性是一个长期的难题，在大数据时代，图学计算涉及的内容及领域急剧膨胀，对计算稳定性要求越来越高。"源码越攒越多，编程语言越来越杂，计算误差的控制越来越难，而广大用户总会不断提出新问题、新要求，要想满足这些要求的难度越来越大"，一些在工程、学科上普遍使用的几何引擎已表现出对需求的不适应。

今后的研究会更关注于计算稳定性问题。导致计算不稳定主要有两个原因，由数字计算误差引起或由几何奇异引起。计算误差通常由数制与近似理论解决，对几何奇异问题，需要进一步完善几何数理论，扩大它的作用域，用明确的数字去归结共点、共线、共面等几何奇异，通过对几何数的简单运算去判定几何奇异的类型并加以解决。

（三）几何化理论将挑战几何代数化之路

大规模复杂系统的建模与仿真需要稳定快速的几何引擎的支撑，图学在更多领域的应用也为其提出了新的挑战。为此需要提出更多优秀的图学计算理论、算法和系统架构，从而满足精确性、鲁棒性和可扩展性的需要。目前，广泛应用的大型建模分析软件其几何引擎大多成形于20世纪80—90年代，面对日益增多的要求紧靠功能扩展已经很难负担了。计算机的未来应用会对功能性提出越来越高的要求，而当今计算机体系则无法有效解决这个问题。计算机系统的革新将加速现有算法理论的革新。2011年IBM公司研制出用于"认

知计算机"的新一代计算机芯片，它可以模拟大脑认知和活动等能力，将推动"人脑计算机时代"的到来。它们无法像传统计算机一样进行编程，这将挑战统治计算机结构50余年的冯·诺依曼体系。

图学计算将更多地依赖几何建模，从模型中去分析，将会提出更多的系统支撑架构，以解决各种各样的实际应用问题。其中，几何问题几何化理论是具有革新意义的基础理论，它与形计算机制将挑战数百年来的几何代数之路。具体而言：淡化几何问题的代数化方法，"回归几何"，扩大几何的自然属性在几何问题求解中的作用，解决"用一维的代数方法去决定二维几何关系"的矛盾；探索一种"从定性、直观的角度去思考，以定量、有序的方式去求解"的图学计算理论和方法，达到形思考、数计算或定性思考、定量求解的境界；寻求建立一种"三维思维，二维图解，一维计算"的多维空间融合，追求形、数结合突破的形计算机制。

参 考 文 献

［1］ http://baike.baidu.com/link?url=09brwetrgKhn8wVs4asdYeuY6–EZEztEx7TyRjVWtU5_favOlxirvhgy07ymaEiS.

［2］ 刘广定. 关于大学里算学系与数学系的名称［J］. 中国科技史料，1994（3）：73.

［3］ 欧几里德. 几何原本［M］. http://baike.baidu.com/view/44606.html.

［4］ 刘军. 使用最多的数学教科书——《几何原本》. http://www.aoshu.com/e/20090730/ 4b8bcd382ff14.html.

［5］ http://baike.baidu.com/link?url=vyUSnskDY6AmjvYtJELBxH2U4j42jc4Q3dH5JK–Ip3tTO_3y91–uzznGWoLDF_ns.

［6］ 将几何代数化的数学家——笛卡尔 .http://wenku.baidu.com/view/e962a7a5f524ccbff121847b.html.

［7］ Piccinini G.Computationalism in the Philosophy of Mind［J］. Philosophy Compass，2009，4（3）：515–532.

［8］ 何援军. 几何计算［M］. 北京：高等教育出版社，2013.

［9］ 何援军. 对几何计算的一些思考［J］. 上海：上海交通大学学报，2012，46（2）：18–22.

［10］ 何援军. 几何计算及其理论研究［J］. 上海：上海交通大学学报，2010，44（3）：407–412.

［11］ 何援军. 图形变换的几何化表示——论图形变换和投影的若干问题之一［J］. 计算机辅助设计和图形学学报，2005，17（4）：723–728.

［12］ 何援军. 投影与任意轴测图的生成——论图形变换和投影的若干问题之二［J］. 计算机辅助设计和图形学学报，2005，17（4）：729–733.

［13］ 何援军. 透视和透视投影变换——论图形变换和投影的若干问题之三［J］. 计算机辅助设计和图形学学报，2005，17（4）：734–739.

［14］ 章拓. 试论国内外图学学科的发展现状和发展趋势——兼论我国图学学科的基本任务和发展领域. 厦门教育学院学报，2011.

［15］ Eitz M，Richter R，Boubekeur T，Hildebrand K，Alexa M. Sketch–Based Shape Retrieval. ACM Trans. Graph. 31–40，Article31，SIGGRAPH July 2012.

［16］ George Leifman，Ayellet Tal. Mesh Colorization. Eurographics，2012，31（2）：421–430.

［17］ MENG M，FAN L，LIU L. A Comparative Evaluation of Foreground/Background Sketch–based Mesh Segmentation Algorithms. Computers & Graphics，2001，35（3）：650–660.

［18］ Hildebrand K，Bickel B，Alexa M. Crdbrd：Shape Fabrication by Sliding Planar Slices. Computer Graphics Forum，2012，31：583–592.

［19］ James McCrae，Karan Singh，Niloy J. Mitra. Slices：A Shape–proxy Based on Planar Sections. ACM Transactions on Graphics（TOG），2011，30（6）：168:1–12.

［20］ LAu M, Ohgawara A, Mitani J, Igarashi T. Converting 3D Furniture Models to Fabricatable Parts and Connectors. ACM Trans. Graph, 2011, 30（4）:1-6.

［21］ Andrade M, Lewiner T. Affine-Invariant Curvature Estimators for Implicit Surfaces［J］. Computer Aided Geometric Design, 2012, 29（2）:162-173.

［22］ GašperJakli, Kozak J, Krajnc M, et al. Geometric Lagrange Interpolation by Planar Cubic Pythagorean-hodograph Curves［J］. Computer Aided Geometric Design, 2008, 25（9）: 720-728.

［23］ Han C Y. Geometric Hermite Interpolation by Monotone Helical Quintics［J］. Computer Aided Geometric Design, 2010, 27（9）: 713-719.

［24］ Wu S, Li Y. Motion Trajectory Reproduction from Generalized Signature Description［J］. Pattern Recognition, 2010, 43（1）: 204-221.

［25］ Kanamori Y, Szego Z, Nishita T. GPU-based Fast Ray Casting for a Large Number of Metaballs［C］. EUROGRAPHICS, 2008, Volume27.

［26］ Budge B, Bernardin T, Stuart J A, et al. Out-of-core Data Management for Path Tracing on Hybrid Resources［C］. Eurographics, 2009, Volume28.

［27］ Jarosz W, Volker Schönefeld, Kobbelt L, et al. Theory, Analysis and Applications of 2D Global Illumination［C］. SIGGRAPH, 2012.

［28］ Pauly M, Mitra N J, Wallner J, et al. Discovering Structural Regularity in 3 D Geometry［C］. SIGGRAPH, 2008.

［29］ Wang L, Yu Y, Zhou K, et al. Example-Based Hair Geometry Synthesis［C］. SIGGRAPH, 2009.

［30］ Christer Ericson. Triangle-triangle Tests, Plus the Art of Benchmarking, http://realtimecollisiondetection.net/blog/?p=29.

［31］ 叶修梓, 彭维, 唐荣锡. 国际 CAD 产业的发展历史回. 计算机辅助设计与图形学学报, 2003, 15（10）:1185-1193.

［32］ http://tech.sina.com.cn/it/2011-08-18/13555947677.html.

撰稿人: 于海燕　蔡鸿明　何援军

图学应用模式的研究进展

一、引言

　　图是工程师的语言。长期以来，"作图"与"构思"密不可分，建筑师们甚至把设计称为"作图行动"，"手一动，脑就跟上了"。因此，图是人们思维的载体，"作图"和"构思"支撑着我们去认识世界和改造世界，成为创新的源泉。

　　在工程领域中的图学应用是在有关几何模型理论及图形绘制技术基础上，结合专业应用需求发展起来的一门图学应用技术。从创新驱动、需求拉动和学科发展等角度看，推动图学应用发展的动力可以归结为三类：第一类是图学学科本身的发展；第二类是以图学为基础，在计算机科学和理论推动下的以 CAD 为代表的各种各样"作图"系统；第三类是专业领域对"作图"系统提出的更高要求，例如各种设计系统、分析仿真系统、现代制造集成系统等。

　　在图学与工程应用的融合发展过程中，产生了应用图学理论和技术解决各种行业问题的解决方案，经过不断实践和优化逐渐形成了图学应用的各种模式，它们有：①以甩图板为目标的二维图学应用模式；②以分析、设计、制造和仿真为目标的三维图学应用模式；③以集成制造为目标的特征造型应用模式；④以面向网络的"轻应用"模式等。此外，根据应用软件与工程特征的融合程度，形成了"几何引擎＋CAD 平台"的通用平台应用模式、"几何引擎＋专业定制"的专用平台应用模式以及"嵌入式图形核心"的应用模式。

　　本报告将阐述各种图学应用模式及其相关技术的进展，重点介绍我国在面向产品生命周期的集成应用模式以及面向行业的"嵌入式图形核心"应用模式方面取得的技术进展，分析我国在图学应用方面取得的成绩和存在的差距，并提出推进我国图学应用的对策和建议。

二、图学应用模式与发展

（一）图学技术驱动下的图学应用模式及其发展

图学技术与工程应用的融合发展，形成了不同技术驱动下的图学应用的发展模式。

1. 以甩图板为目标的二维图学应用模式

人工绘图的繁琐和以投影原理为核心的二维绘图系统的逐步成熟，推动了二维CAD "作图" 系统在工程设计中的应用，实现了产品设计中的 "甩图板"。

2. 以分析、设计、制造和仿真为目标的三维图学应用模式

复杂产品设计过程中，需要进行关键零部件的性能分析、需要进行零部件的可加工性分析和零部件间的可装配分析，以便发现工艺问题、加工问题、碰撞干涉等问题。还由于样机试制成本高以及油泥模型制作周期长的问题，带动了仿真技术的发展。逐步形成了一种将三维设计、性能分析、工艺设计、加工制造、产品仿真纳入一起的应用模式。

3. 以集成制造为目标的特征造型应用模式

引入行业专业特征知识构建面向产品生命周期的三维数字化模型，通过三维标注方式以几何模型为基础定义加工信息、装配信息、工艺信息以及环境信息等，为有限元分析、虚拟加工和工艺规划提供语义特征。引入特征的目的在于赋予 CAD/CAM 系统中几何实体以工程上的意义，特征造型技术的发展及与工程语义的结合，是真正实现 CAD/CAE/CAPP/CAM 集成的关键。

4. 面向网络的图学 "轻应用" 模式

"轻应用" 是 Internet 与二维 / 三维图学应用模式相结合的产物，是以产品的二维 / 三维模型的轻量化存储、轻量化传输、浏览、协同交互技术为支撑的一类应用模式。随着异地协同设计、协同制造、并行工程等的发展，面向网络的图学 "轻应用" 模式已得到越来越广泛的应用。

（二）软件平台驱动下的图学应用模式及其发展

图学应用离不开 "作图" 系统的支持，按 "作图" 系统与工程领域的融合程度，形成了如下图学应用模式。

1."几何引擎 + CAD 平台"的通用平台应用模式

通用 CAD 平台是在图学学科发展基础上，随着工业界的需求而发展起来的，如 CATIA、Unigraphics 均源于飞机制造公司及其需求。至今通用 CAD 平台已渗透到几乎每一个工程设计领域，并已在市场上形成了高中低端 CAD 系统并存的发展局面。但通用 CAD 平台往往过分强调系统的通用性，而忽略了设计对象本身的特点。

2."几何引擎 + 专业定制"的专业设计平台应用模式

在通用 CAD 平台得到蓬勃发展的同时，人们从来没有停止过面向专业领域的专业应用系统的发展。以各类专业设计人员为主体的专业应用系统开发人员，结合各自专业领域的需求，将各领域的设计方法、设计知识和设计经验编制成设计系统，更有针对性地解决专业应用需求。但专业领域设计方法的差异造成了专业应用系统很难实现通用，因此，人们在满足专业设计需求基础上，正在不断追求能像通用 CAD 平台那样的方便和通用。

3."嵌入式图形核心"应用模式

该模式是在国家"863"计划项目支持下清华大学、中国建筑设计研究院等单位，针对国外商业 CAD 系统不开放底层接口而带来的难以进行行业应用深度开发的问题，提出的一种我国 CAD 发展的模式。该模式突破传统核心系统以 API 或函数库方式进行应用开发的方法，根据行业的特殊应用需求，将三维核心系统和通用平台的模块或代码拆分嵌入到行业应用系统中，实现底层数据与专业设计数据的深度集成，完成嵌入式三维核心系统的基础数学计算、图形显示算法、真实感渲染技术算法和虚拟现实等算法的集成，并将成果应用到专业设计系统中。

三、本学科最新研究进展

（一）面向产品生命周期的集成应用技术及模式研究进展

1. 面向产品生命周期的工程语义特征的存储与提取技术研究进展

在参数化/变量化造型及特征造型的技术基础上，引入行业专业特征知识构建面向产品生命周期的三维数字化模型是近期图学应用的主要进展之一，该模式通过以三维标注等方式在几何模型的基础上定义加工和装配信息、工艺信息以及环境信息，为有限元分析、虚拟加工和工艺规划设计提供行业语义特征。采用特征造型的目标是使基于特征的产品三维数字化模型作为唯一制造依据，通过在设计模型中定义加工和装配信息以及工艺信息，构建面向产品生命周期的产品三维数字化模型，使 CAD 真正成为企业设计制造的统一"数据源"，基于工程语义特征的产品三维数字化模型形式化地表示为：

$$
\begin{cases}
T\_Product = \bigcup_{i=1}^{n} T\_Prec_i \, \mathrm{U} \, T\_Assem \\
T\_Part_i = \{ T\_Figure_i, \ T\_Prec_i, \ T\_Tech_i, \ T\_Mana_i \} \, i \in (1,n)
\end{cases}
$$

公式中，$T\_Product$ 表示产品三维数字化模型，T_Assem 表示产品的装配特征，T_Part_i 表示零部件 i 的特征信息，T_Figure_i 表示零部件 i 的形状特征，T_Prec_i 表示零部件 i 的精度特征，T_Tech_i 表示零部件 i 的技术特征，T_Mana_i 表示零部件 i 的管理特征。基于工程语义特征的产品生命周期三维数字化模型，是制造加工的唯一数据源，可有效促进 CAX 面向行业的集成应用，是解决 CAX 间信息孤岛，促进工程应用中 CAX 集成的有效解决方案。

在所有的特征类中，形状特征是最基本也是最重要的特征，它是其他特征的载体。以形状特征为基本图素的 CAD 系统一般采用面向对象的设计方法，将图元表示为对象 $Object$，对于零部件 i 的形状特征 $Object\_Part_i$，我们可以通过在零部件特征建模的过程中，通过交互式方式为其添加工程语义信息，添加的工程语义信息存储于 $Xdata\_Part_i$ 中，作为 $Object\_Part_i$ 的扩展数据进行存储，由于面向工程语义的扩展数据可能包含各种类型的数据，因此可采用链表结构来存储工程语义信息 $Xdata\_Part_i$。通过上述方法可建立工程语义信息和实体形状特征之间的关联关系，使模型本身不再仅仅是几何形状和尺寸信息，而是包含了丰富工程语义的"数字样机"。

2. 面向工程应用的三维模型装配与展示技术研究进展

复杂产品如飞机、汽车等由上万个零部件构成，这些零部件通过约束关系装配在一起，共同完成产品规定的功能和性能要求。产品的装配设计是产品设计与制造过程的重要环节，产品装配的好坏直接影响到产品的质量和生产效率。虚拟装配（Virtual Assembly，VA）是 VR 技术在 CAD/CAM 应用中的一个重要领域，也是虚拟制造的关键，近期国内学者在三维模型装配与展示方面开展了大量工作，主要体现在以下三个方面：

（1）基于网络的三维模型轻量化集成应用技术

产品数据轻量化的作用是在不影响协同开发效果的前提下，尽量压缩产品数据量和保护产品数据的安全性，产品模型轻量化表示是实现网络环境下产品三维模型虚拟装配、协同设计的一个大趋势。目前基于网络的三维模型轻量化常采用 VRML 格式，VRML 格式表达的零部件模型文件简单短小，适合于网络传输和浏览，但同时失去了 CAD 模型具有的大量零件特征和设计信息。许多学者研究了基于 VRML 等技术的轻量化模型特征提取和碰撞检测方法，解决了 VRML 模型在网络协同虚拟装配等领域的集成应用问题。

（2）装配约束管理与装配序列规划技术

装配关系是装配对象之间的相对位置和连接特征的描述，反映了装配对象之间的相互约束关系，装配约束是特征与特征之间及特征元素之间联系的纽带，是指设计或加工过程中的限制条件，主要包括机械设计、工艺设计和加工过程中的限制条件。在产品装配过程中，零件或部件的装配顺序起着关键的作用，目前确定装配顺序有两种方法：一是根据产品装配过程确定；二是根据产品拆装过程确定，其中根据产品拆装过程确定是一逆向推理过程，处于装配状态的零件有更多的约束，拆装方向具有更小的选择余地。因此，被广泛采用。虚拟装配序列采用链表的形式记录零部件在虚拟环境中的装配顺序，链表的每一个节点记录了装配过程中对应的零件或部件，而每一个零件（部件）的具体装配路径则可通过节点所关联的虚拟装配路径得到。

（3）虚拟装配仿真技术

采用虚拟装配技术是为了在设计阶段就验证零件之间的配合型和基于装配树的模型可装配性，在虚拟装配过程中，以装配顺序为基础，对初始路径及其关键节点位姿进行实时交互修改与调整，同时对装配工具的可达性、装配空间的可操作性进行仿真，对零件在装配过程中是否存在干涉和碰撞进行检查。目前研究的碰撞检测算法按方法大致可以分为两种：空间分解法和层次包容盒法。空间分解法是将整个虚拟空间划分成相等体积的小单元立方体，只对占据了同一单元立方体的几何对象进行碰撞检测，代表性的方法包括k-d树、八叉树、BSP树等；层次包容盒法是当前比较通用的方法，这种方法通过使用体积略大但几何特性简单的包容盒来近似描述复杂的几何对象，通过对包容盒间的相交测试来进行几何对象的碰撞检测，这种方法比较典型的例子有轴向层次包容盒、方向层次包容盒等。

3. 面向产品生命周期的应用集成技术研究进展

CAD/CAPP/CAM/CAE 系统经过多年的发展和在企业中的成功应用，已成为企业进行产品研发不可缺少的重要工具。其中 CAD 作为企业设计制造的数据源，需要与 CAE、CAPP、CAM 系统进行集成，CAD 设计的数字样机通过标准化接口输出后，集成到 CAE 系统用于有限元网格划分和应力场/温度场等分析；集成到 CAPP 系统进行以数字样机为制造依据、数字量传递为主线的工艺路线设计，集成到 CAM 系统用于加工路线规划和虚拟加工验证，因此需要建立企业内基于三维模型的集成平台以保证企业内设计、工艺和生产部门间的模型和数据的一致性［如图1（a）］。同时，由于复杂产品的设计往往涉及以制造厂为核心的供应商群的协作，不同供应商的设计软件存在差异，这就需要集成平台能建立统一标准的虚拟产品模型，实现多异构模型信息的集成和转换［如图1（b）］，为产品的装配和装配仿真奠定基础，通过建立支持多厂所异地数字化并行协同和产品数据管理平台，实现产品研制数字化设计/制造/管理协同应用。

CAX 系统间的应用集成需要实现系统之间的数据交换和互操作。系统间的集成离不开软件技术的支持，特别是针对数据共享、模块重用、系统开放接口和互操作等技术。为了实现异构系统间的通讯和数据共享，目前成熟的解决方法大致可分为：

①应用程序接口:（Application Interface, API）是以函数库的形式提供的系统功能接口，一个应用程序的 API 允许其他的应用程序直接对它的数据进行访问，使用它的功能。现在主流的和成熟的 CAD 系统都提供了丰富的 API 函数供其他应用程序调用。

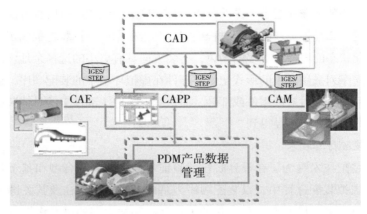

（a）基于模型的企业内不同部门间的集成

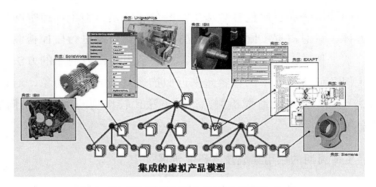

（b）基于模型转化的企业间产品信息集成

图 1　面向工程应用的产品生命周期信息集成

②Web 服务封装：Web 服务是一种用于创建可编程组件的 .NET 技术，它是微软 .NET 平台的重要组成部分。Web Services 可以被看作一种特殊形式的应用程序接口，通过 Web 服务可将需集成的 CAX 系统功能接口封装为服务，供需获取信息的其他系统调用或从其他系统获取需要的信息。

③XML 等数据交换标准：这类标准包括二维图形标准 DXF、三维图形交换标准 IGES 和 STEP 等，其中 XML（Extensible Markup Language，可扩展标记语言）与 IGES/STEP 相结合的基于中性文件的数据交换技术是当前 Web 环境下数据交换研究的热点。基于 XML 建立统一标准的虚拟产品模型，基于共享信息模型实现各 CAX 之间的集成。以作为数据源的 CAD 系统为例，为实现与其他 CAX 系统的集成，可通过 CADAdd-In 接口，Add-In 是运行在 CAD 主应用程序环境中的"插件"，它与主应用程序紧密地结合在一起，Add-In 几乎支持所有的通用开发语言，如 C、C++、Visual C# 等。PDM API 与 CAD 的 API 具有相同的形式，它对应用程序提供了使用其功能的接口。CADAdd-In 有一个重要的特性，它会在主程序启动时自动启动，它能获取主程序的事件和消息，并对这些消息做出反应。

（二）面向行业的"嵌入式图形核心"模式及技术研究进展

1. 嵌入式发展模式

基于二维（三维）图形模型的"作图"系统应用模式，其二维、三维主体模型是几何模型，基于特征的造型是在几何模型的基础上增加结构的精度、材料、装配、分析等特征，使系统包含了一部分设计信息，拓宽了通用 CAD 平台的辅助设计范围，但它与实际的工程设计过程还有一定的距离：

①实际设计过程并不是一个必须从低层几何造型开始的设计过程。设计者在设计过程的初期就对"设计"有了概念的认识，这种概念是专业领域思维模式作用的结果，一直指导着整个设计过程。结构的形体带有浓厚的专业特色。

②设计过程中，设计专家关心的结构设计参数有其特定的含义，这些参数是专业领域长期发展的结果，往往不是几何特性能表达清楚的。

③设计问题本身是一种病态结构，无法用完整的数学公式为它建模，问题的初始、目标状态也不能在一开始就有完整定义。设计过程本身不是一个纯逻辑推理过程，设计者的经验、设计示例起着重要作用。设计中也包含了经验和知识等复杂信息。

2. "嵌入式图形核心"模式的内涵

商用图形核心（如 ACIS、Para Solid 等）提供并封装了几何造型与显示的算法，目前图形核心作为行业图形应用软件的底层平台，大多通过开放部分 API 接口或函数的方式供二次开发商进行 CAD 支撑软件的开发，二次开发商只能通过接口调用标准的核心函数，难以根据行业应用需求对核心算法进行改进。

图形核心与专用系统相结合的"嵌入式图形核心"模式是继完全自主知识产权 CAD 系统开发、基于商用几何引擎的 CAD 系统二次开发之后，以清华大学、西南交通大学、北京新洲协同软件技术有限公司、中国建筑科学研究院、杭州爱科电脑技术有限公司、成都国龙信息工程有限责任公司等核心系统研发单位与行业应用单位联合组成的项目研发团队针对我国 CAD 产业现状和行业需求提出的一种新的研发和应用模式（如图 2）。

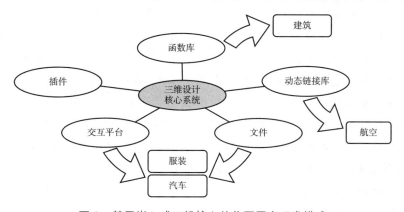

图 2　基于嵌入式三维核心的作图平台研发模式

该模式的基本思想是突破传统核心系统以 API 或函数库方式进行利用的方法，根据行业系统的特殊应用需求，将三维核心系统和通用平台的模块或代码拆分嵌入到行业应用系统中，解决由于国外商业 CAD 系统不开放底层接口而带来的难以进行行业应用深度开发的问题，实现底层数据与专业设计数据的深度集成，完成嵌入式三维核心系统的基础数学计算、图形显示算法、真实感渲染技术算法和虚拟现实等算法的集成，并将成果应用到专业设计系统中。在嵌入式图形核心模式下，三维设计核心系统直接面向行业服务需求进行定制开发，将相关行业的专业知识嵌入到三维设计核心系统之中，将推广模式从提供二次开发接口模式转变为推广服务模式。

3. Ti3DCore 图形核心在建筑行业嵌入式研发实践进展

以清华大学开发的 Ti3DCore 图形核心在中国建筑科学研究院建筑设计中的嵌入式研发为例，通过嵌入式三维 CAD 核心对与其相关的三维建筑模型进行数据管理与专业协同，解决了设计过程中的专业数据共享与交互问题，并对海量数据进行严格的逻辑整合、协调与处理，建立相对完善、合理、健壮的数据管理体系；通过嵌入式三维 CAD 内核提供的多层次开放式应用接口与集成模式，以系统集成方式保证系列三维设计及计算分析软件的数据安全与一致性，建立一种新的三维设计系统开发模式；解决了大规模复杂场景的快速组织与遮挡检测、复杂三维实体模型的 LOD 表示和生成等，使三维 CAD 的应用扩展到场地设计、园林设计、施工组织、日照分析、管道设计、土石方计算等多个工程建设领域。下面选择几个典型的嵌入式技术研发和应用案例进行介绍。

（1）**面向建筑行业真实感渲染的体纹理技术的嵌入式应用**

针对古典建筑行业对渲染体纹理高质量需求，针对当前相关方法经常出现的纹理颜色模糊、纹理结构被破坏以及部分明显而少量的纹理被丢失等问题，进行嵌入式研发，建立面向建筑行业的二维平面纹理到三维实体纹理的保形映射方法。

1）该映射方法要求体纹理中每一个体素的颜色直接来自样图，通过这个约束可以有效解决纹理颜色模糊的问题。

2）算法采用了多分辨率合成技术，合成开始于最低分辨率，体纹理的体素颜色从样图像素中随机选择赋值，然后利用类似期望最大化的算法对体纹理进行优化，不断降低纹理的能量函数值，使得体纹理的任意一个二维的切片跟样图都是类似的，在得到该分辨率的合成结果后，进行上采样放大到次低分辨率，重复纹理优化的步骤，得到优化后的体纹理；最后将该分辨率的结果进行上采样到最高分辨率，在同样的纹理优化操作后，可得到最终的体纹理合成结果。

基于 Ti3DCore 图形核心的二维平面纹理到三维实体纹理的保形映射方法在古典建筑渲染中进行了应用，有效解决了古典建筑行业对渲染体纹理高质量需求（如图 3）。

（2）**面向建筑行业的布尔运算库的嵌入式应用**

对于建筑楼群所需要的布尔运算，非常不同于常规的布尔运算。它所需要处理的对象的数据量非常庞大，而且共面等奇异情况比较普遍。

三维实体布尔运算的目标是生成组合实体的边界表示，即在原有边界元素及其拓扑关系的基础上，生成表示组合实体的新顶点、新边和新面，并建立新面的邻接关系、新边的连接关系。在面向建筑行业的嵌入式研发过程中，针对建筑行业的特点，改进了面上交点和交线的计算方法及面的分割与分类方法，分别进行曲线排序、包容性测试、拓扑计算、曲面重新排序等，并提高了确定环方向和包含关系的效率，实现了复杂三维实体计算的快速性及精确性。通过采用加速数据结构和对遮挡检测进行一些模拟的方法利用图形硬件进行快速遮挡检测。实现基于 GPU 的 KD 树即把经典的 KD 树用流表示和存放，用数组和纹理存放可使数据整齐且便于访问。图 4 为通过布尔运算库在建筑行业复杂场景中的快速遮挡检测以及复杂建筑构造中的应用，布尔运算库的嵌入式改进及应用在复杂场景的快速遮

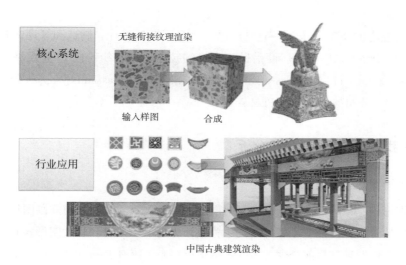

图 3　建筑行业真实感渲染的体纹理技术的嵌入式应用

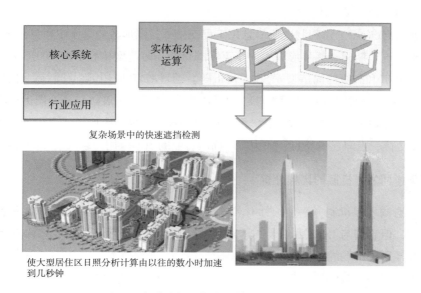

图 4　面向建筑行业布尔运算库的嵌入式应用

挡检测和复杂建筑构造中取得了很好的效果，使对大型居住区日照分析计算由以往的数小时加速到几秒钟。

四、国内外研究进展比较

（一）国外图学应用的情况

在 ACIS、ParaSolid 等商品化的图形核心系统支持下，国外图学应用技术一直保持领先地位，在模型轻量化处理与应用、虚拟装配等方面都取得了显著成绩，经历了 CAx 集成，PDM 为核心的 4CP 集成，一直到产品全生命周期的设计、制造和管理的整体解决方案，称 PLM。国外 CAD 应用厂商借助于自己的技术优势，纷纷向 PLM 发展，推出了如 Team Center（Siemens PLM Software 公司的产品）、ENOVIA（Dassault Systemes 公司的产品）、Windchill（PTC 公司的产品）等 PLM 产品。

（二）我国图学应用的比较分析

1. 图形核心系统应用模式的比较分析

采用图形核心系统是国际上最典型的图形应用发展模式。这一模式以图形核心系统支撑应用软件的开发，再以应用软件的需求为反馈，进一步发展和壮大图形核心系统，两者互相促进、良性循环。目前全球著名的三维图形核心系统有 Parasolid、ACIS 和 Granite 等，Parasolid 属于德国西门子公司，ACIS 属于法国的达索公司，Granite 属于 PTC 公司，在这些核心系统的基础上发展出众多优秀的 CAD 应用软件。

我国在 CAD 应用工程和制造业信息化工程支持下，图形核心系统也得到了较快发展，"十五""十一五"期间，逐步形成了清华英泰的三维几何造型核心系统 Ti3DCore、浙大几何造型库 GMLib 和高级曲面造型库 SurfaceLib 等。通过 CAD 应用工程和制造业信息化工程的实施，在多个行业得到应用实践，推进了图形核心系统的发展。与国外图形核心系统只开放部分 API 接口或函数的方式相比，我国的图形核心系统在应用模式上更加灵活，与行业的融合度更高，有自己的特点，成为实现面向行业的图形应用跨越式发展的有效模式。

2. 图学协同发展机制的比较分析

在图学协同发展机制方面，国外有名的图形核心系统如 Parasolid 和 ACIS 虽都出自英国剑桥大学，但它们与 UG、西门子、达索等世界著名企业一起，实践了 CAD 平台的集成和发展，并经历了市场的考验。

我国图形核心系统的研究与开发主要来自三个方面：一是从事图学教学和科研的高等学校的师生；二是研发 CAD/CAE/CAPP/CAM 等系统中通用"作图"平台的开发者；三是

专业领域从事专业应用系统的研发者。但核心系统的研发与应用需求的结合还有差距，致使图形核心系统对通用"作图"平台的支撑不足，对专业应用系统的支撑不足，这三部分人员间的协同机制尚需进一步完善。

五、图学应用的发展趋势与对策建议

（一）图学应用的发展趋势

进入 21 世纪以来，产品的市场寿命越来越短，生产批量越来越小，品种越来越多样化，要求新产品开发、生产和传播（销售）的速度越来越快，这些变化对图学应用提出了更高的需求，使以 CAD 为代表的图学应用系统不断与网络技术、信息技术相融合，呈现出以下发展趋势：

1. 平台化

单纯图形及算法的应用已被通用平台的应用所替代，虽然图形及算法越来越丰富，但其内核化倾向越来越重。使用者更加注重以专业领域的思维方式来应用平台和从事设计；注重各类设计资源在平台上的集成。但并不关心平台的实现方式以及图形内核如何发挥作用。三维 CAD 平台正在实现从辅助"绘图"向辅助"设计"（作图 + 构思）的跨越。

2. 集成化

今天信息化技术正在从重点支持产品设计向支持产品全生命周期的管理发展，从支持企业内部的业务集成向跨企业的全球产业链业务集成拓展。这就要求图形核心系统和通用 CAD 平台不仅要实现绘图，更需要开展复杂产品的多学科协同设计和分析仿真，还要实现对工艺过程和制造乃至服务过程的支撑。从产品的全生命周期出发，实现 CAD/CAE/CAPP/CAM/PDM/PLM 的集成已成为重要需求。

3. 知识化

产品设计的知识化将提升产品的设计水平，大幅度提高产品档次和技术含量。三维 CAD 平台要实现从辅助"绘图"向辅助"设计"的跨越，必须使"平台"带有知识，"图形"能表述知识。企业需要的已不仅仅是一个能"作图"的三维 CAD 平台，更需要基于"平台"实现行业知识的沉淀，继而构建出基于行业知识沉淀的产品设计知识体系。这一体系既包含图形描述的"模型"沉淀，也包含图形表述的"知识"沉淀。

4. 服务化

Parasolid 和 ACIS 已成为世界上数量众多的三维 CAD 软件的内核，一方面建立了图形核心协同发展机制，形成了能有效促进自身和三维 CAD 软件同步发展的双赢服务模式。另一方面，以云服务为代表的变革性技术创新正不断打破既有技术的锁定和传统的垄断体系，为重塑产业格局带来新的重大机遇，为图学应用模式的创新以及基于图学应用的产业链构建带来了重大机遇。

5. 全球化

经济全球化和信息网络技术正推动着全球产业链的形成。在全球范围内建立图学协同发展机制，优化配置图学资源，实现图形核心、通用平台和专业应用系统研发的全球协作趋势越来越明显。图形核心 Parasolid 和 ACIS 以及通用平台 CATIA、UG、Pro/Engineer、AutoCAD 等都是全球协同的典型案例。

（二）推进我国图学应用的对策建议

1. 创新模式，探索图学应用发展道路

我国图形核心系统还很弱小，无法采用"三维图学核心＋三维 CAD 平台＋行业应用系统"发展路子，由国家"863"计划支持下发展起来的嵌入式内核发展模式为我国图学应用探索了一个成功的案例。云服务等新型服务模式的出现，也为图学应用的发展多出了一条应用途径。因此，我们要充分利用云服务等技术创新带来的机遇，积极开展包括嵌入式内核在内的图学应用模式创新，探索图学应用的新型发展道路。

2. 创新机制，推动图学应用协同发展

我国从事图形核心、通用平台和专业应用系统研发和应用的队伍与发达国家相比，具有十分明显的差距。相关政府部门和图学学会都要把这三类有限的图学资源，建立良性互动和多赢的图学应用协同发展机制，积极引导、认真交流，互相支持，真正建立图学应用协同发展机制。

3. 政府引导，培育自主产权的图形内核

政府应对图形内核研发和应用设立专项，并通过有效的政策支持，大力培育自主知识产权的图形核心系统。通过图形核心系统的研发带动我国图学学科的发展和人才队伍的集聚，支撑各类三维 CAD 平台和行业应用系统的发展。同时在制造业信息化科技工程、科技服务业发展、云服务平台发展相关的各类专项规划中，建立自主知识产权图形核心系统的拉动措施，进行图形核心系统云服务模式的试点示范，开展基于图形核心系统的科技服务。

4. 市场拉动，营造图学应用市场环境

相关政府部门和图学学会应通过多层次专业化的交流协同、项目和政策引导等各项措施，营造良好的市场氛围，积极推进图形核心系统在包括 CAD/CAE/CAPP/CAM/PDM/PLM

以及应用服务等各类平台和专业应用系统中的应用，实现"作图"系统对图形内核的强力拉动，为图形核心提供需求和发展动力。同时，从事图形核心研发的队伍也应拓展应用空间，创新服务模式，在市场中走出自身的发展道路。

5. 创新技术，提升图学研发应用水平

应大力开展图形建模和图形标准技术的研究，通过模型和标准两大技术的突破，开创图学研究的新局面，带动图形核心系统和通用平台的发展。图学学会应将图学标准建设作为学会的重点任务，协调从事图学学科建设和科研工作、通用"作图"平台开发以及专业领域专业应用系统开发的各方力量，逐步形成我国自己的建模技术和标准，提升我国图学研究以及图形核心系统、"作图"平台和专业应用系统研发的水平。

6. 创新学科，建设图学发展专业队伍

应根据现阶段现代产业体系建设及产品创新等对图学的实际需求，积极调整图学学科建设，创新学科内容，培养高水平的图学研发和应用队伍。图学学会等单位应通过交流协作，大力鼓励从事图学学科建设和科研工作、通用"作图"平台开发以及专业领域专业应用系统开发的各方力量联合开展图学研究和人才培养，形成和发展高中低协调发展的各类图学研发和应用专业队伍。

参 考 文 献

［1］国家"863"计划先进制造技术领域专家组 ."十二五""863"计划先进制造技术领域战略研究报告 .2010.11.
［2］叶修梓，彭维，唐荣锡 . 国际 CAD 产业的发展历史回顾与几点经验教训 . 计算机辅助设计与图形学学报，2003，15（10）：1186-1193.
［3］刘学术，高航，郭东明 . 基于中性文件的三维 CAD 零件模型异地传输特性研究［J］. 计算机应用研究，2008，25（7）：2110-2011，2120.
［4］ZHOU Xionghui, QIU Yanjie, HUA Guangru, et al. A feasible approach to the integration of CAD and CAPP［J］. Computer-Aided Design, 2007, 39（4）：324-338.
［5］田富君，田锡天，李洲洋，等 . 基于轻量化模型的 CAD/CAPP 系统集成技术研究［J］. 计算机集成制造系统，2010，16（3）：521-526.
［6］陈卓宁，周红桥，张金，等 . 基于统一代理和面向服务的 PDM 与三维 CAD 双向集成技术［J］. 计算机工程与科学，2009，31（7）：35-38.
［7］王钰，杨国为 . 异类 CAD 系统间基于网络的数据准实时交换技术［J］. 计算机集成制造系统，2007,13（10）：2031-2040.
［8］苏艳，廖文和，郭宇 . 面向虚拟装配的 VRML 模型优化重构［J］. 计算机工程与设计，2007，28（11）：2509-2512，2722.
［9］行开新，田凌 . 支持异地协同设计的异构 CAD 虚拟装配系统［J］. 清华大学学报（自然科学版），2009，49（2）：226-231.
［10］高建武，王军杰，武殿梁，等 . 面向协同虚拟装配的模型表达技术研究［J］. 计算机集成制造系统，2008，14（6）：1095-1100.

［11］侯伟伟，宁汝新，刘检华. 虚拟装配中基于精确模型的碰撞检测算法［J］. 计算机辅助设计与图形学学报，2010，22（5）：797-802.

［12］武殿梁，朱洪敏，范秀敏. 面向复杂产品的交互虚拟装配操作的并行碰撞检测算法［J］. 上海交通大学学报，2008，42（10）：1640-164.

［13］清华大学，等. 国家"863"计划重点项目"面向行业的嵌入式三维核心和设计平台开发（编号：2007AA040400）"验收总结报告，2012.

［14］刘连民，姜立，任燕翔，等. 基于三维 CAD 的中国古典建筑造型设计［C］. 杭州：第十四届全国工程设计计算机应用学术会议论文集，2008，11：164-168.

［15］姜立，王会一，任燕翔，等. 建筑日照分析原理与计算方法研究［J］. 土木建筑工程信息技术，2009，1（2）：63-69.

［16］任燕翔，姜立，刘连民，等. 古典建筑中多段连接模型的 CAD 设计［C］. 杭州：第十四届全国工程设计计算机应用学术会议论文集，2008，11：164-174.

［17］刘连民，姜立，任燕翔，等. 仿古建筑结构模型生成研究［J］. 土木建筑工程信息技术，2010，2（1）：41-45.

［18］Chunhui Yao, Bin Wang, Bin Chan, ect. Multi-image based photon tracing for interactive global illumination of dynamic scenes［C］. Euro graphics Symposium on Rendering 2010, June 28-30, 2010 in Saarbrücken, Germany:1315-1324.

撰写人：孙林夫　王淑营　韩　敏

图学在基于模型定义技术中的研究进展

一、引言

图学作为一种最重要最高效的信息载体，在工程设计制造领域一直扮演着准确传递产品设计信息和制造信息的重要角色。它通过一种图形化的语言使得制造者无需和设计者见面就能够准确的复制设计者的意图。

信息化和数字化技术引领了工程设计制造领域的革命，图学也逐步形成了一种多学科知识交叉，以信息化、数字化为基础的综合知识体。最初的二维图纸的计算机辅助绘图是取代手工绘图，将设计人员从繁重的手工绘图劳动中解放出来。这个过程是通过计算机提供的辅助功能，将抽象的图学符号用机器进行绘制并以精确的电子版本形式保存下来，使后续的图纸修改和复制变得容易。

随后发展的三维 CAD 系统，引起了机械工程领域的大变革，工程师用以表达设计理念的语言从二维图逐步变化为三维数字化模型。三维的 CAD 系统也从简单的线框式系统逐步发展为三维曲面造型系统以及实体造型系统。这些技术的发展，给图学赋予了更多内容，使其更加接近真实状态下的产品形式。

随着科学技术的进步，图学作为描述产品信息的语言得到了更多的发展。近年来在三维设计基础上发展起来的基于模型定义（Model Based Definition，MBD）技术，就是图学最新的一种表述形式。它是在三维模型上用简明的方式直接加入了产品的制造信息，进一步实现了 CAD 到 CAM（加工、装配、测量、检测）的集成，弥合了三维模型不能直接用于制造的缺点，为彻底取消二维图纸创造了可能。

二、基于模型定义技术

MBD 技术是一种面向计算机应用，将产品的所有相关设计定义、工艺描述、属性和管理等信息都附着在产品三维模型中的先进的数字化定义方法。其核心思想是以集成的三维实体模型，即 MBD 数据集为核心，借助标准管理系统、CAD 系统、工艺设计和分析以及产品数据管理（Product Data Management，PDM）等系统，通过 MBD 数据集将制造环节的要求反馈给设计系统，并按照设计系统给出的内容组织框架实现对产品生产和检验的监督控制。据美国陆军研究、开发和工程指挥部资料展示，由于 MBD 技术的应用，使得后续生产和维护阶段的成本减少至原来的 65% ~ 80%。MBD 将是未来 CAD 技术发展和应用的必然趋势。

MBD 数据集并非是三维标注和三维模型的简单相加。传统的三维模型虽然包含了二维图纸所不具备的详细形状信息，但却不包含尺寸公差、表面粗糙度、表面处理方法、热处理方法、材质、连接方式、间隙的设置、连接范围、润滑油涂刷范围、颜色、仅靠形状而无法表达的非形状信息等。更重要的是，要想将三维数据当作传递设计信息的载体，必须明确数字化定义产生和应用的形态，即以什么样的形式通过什么样的过程表达什么样的产品信息？而 MBD 技术不仅描述了产品设计的三维几何信息，而且定义了产品的制造信息和非几何的管理信息，并利用协同定义技术手段建立了其特有的表达形式，从而使后续使用人员可以最大化地重用 MBD 数据集，仅需一个数字化模型即可获取相关信息，减少了对其他信息系统的依赖，使设计、制造间的信息交换不依赖于信息系统的集成而保持有效的连接。MBD 数据集以全三维的形式展示了产品的全部数据，在其定义的过程中融入了基本的规范标准、知识工程和协同过程，将各种抽象、分散的知识更加形象和集中，使得设计、制造的过程演变为知识积累和技术创新的过程，从而成为企业知识的最佳载体。MBD 技术真正开启了全三维数字化研制的时代，真正实现了三维数字化、无图纸的设计和制造，使二维工程图成为历史，即使有也不再是制造的依据，只是在特定条件下作为数据的一种辅助表达方式。MBD 技术的应用将引起产品研制过程的根本变化，彻底改变传统的产品设计、制造模式，简化产品设计和管理过程，充分展示数字化技术带来的优点，主要体现在以下几方面：

（1）MBD 数据集集成了完整的产品定义信息，大大提高了工程定义的质量，使研制过程的各个环节（设计、制造、检验和维护等）实现高度的集成。

（2）MBD 技术改变了传统的工程信息授权方式，MBD 数据集是所有研制环节的单一数据源，消除了原来三维模型与二维工程图纸产生冲突的可能性，降低了数据的维护难度。

（3）MBD 数据集以其直观的表现形式，使产品研制各环节的工作人员能更准确、更直观地理解设计意图，减少了对传统工程制图技术的依赖性，降低了因理解偏差而导致出错的可能性。

（4）MBD 数据集节约了数据存储的空间与时间。与传统"三维模型＋二维工程图"的数据集相比，体积减小了 25% ~ 30%。由于标注的方法基本相同，使用 MBD 数据集时不需要花费比原来多的时间进行工程信息的标注。此外，部分零件可以直接进入制造环节，成倍地减少了 NC 编程时间。

（5）MBD 技术极大地推动了 CAD、产品数据管理、并行工程、协同技术和知识工程等技术的深入应用，并逐步形成 MBD 技术应用的体系框架。

三、本学科最新研究进展

围绕着 MBD 技术的理论、体系、实现方法、技术应用等方面，我国开展了一系列深入的研究并在国民经济、国防建设等领域中取得了引人瞩目的成果，主要体现在产品定义技术、MBD 数据集的表达、数据组织与管理等方面。

（一）产品定义技术

图学的重要任务之一是为工业界提供定义产品的技术手段，MBD 的产生及应用对产品定义技术带来了新的理论与方法。从工业化时代产品定义技术的发展轨迹来看，每一次重要的技术进步都伴随着更强大的技术工具和理论体系的诞生及其推广应用。MBD 技术就是产品定义技术发展到一定阶段时，随着客观物质条件的成熟（计算机硬件水平）和人们主观上的迫切需求（复杂产品对生产率的追求）而产生的一种新的技术体系。与 MBD 产生之前的产品定义技术做一个简要对比将有助于我们理解这一新技术所带来的突破，并可以揭示图学的发展从扁平化、单一化向立体化、复合化发展的一般规律。

进入工业化时代以来，随着计算机技术的发展和三维 CAD 技术的成熟和普及，产品定义技术经历了从二维设计、三维设计和全三维数字化定义发展的 3 个阶段：

1. "二维设计、二维出图"阶段

进入近代工业革命以来，随着生产社会化而不断增长的工程应用需求，从而提出了对产品设计表达的各式问题。1795 年法国科学家蒙日在其发表《画法几何》中，提出以投影几何为主线的产品二维平面表示方法，把工程图的表达与绘制高度规范化、统一化，工程图便成为工程界常用的产品定义语言。

20 世纪 60 年代起，又出现了以计算机绘图来代替图板手工绘图的 CAD 技术。CAD 技术在节省人力及增强工作效率与工作成果方面具有很强的优势，特别是数字化的设计在更改过程中给绘图工作带来革命性效率的提高。为此从 90 年代起，国家科技部提出"甩图板"的口号，应用了以 AutoCAD 为代表的二维 CAD 软件，逐步实现工程图从手工绘制到计算机的转变。但这一阶段二维工程图纸依然作为设计的唯一交付物，产品定义方法没有根本改变。

2. "三维设计、二维出图"阶段

随着三维建模技术的发展和应用，产品设计模式演变为首先利用三维 CAD 软件构建三维模型，然后使用 CAM 系统根据三维实体模型的型面信息自动生成数控机床刀具控制代码，通过网络进行传输和远程控制，实现一定程度的设计制造一体化。然而，在

设计系统产生数控程序并将程序代码传输数控机床过程中，只表达了数控机床的刀具轨迹信息，而丢失了很多其他必需的工艺信息。所以在产品实际生产制造中，先利用三维CAD软件构建三维模型，再利用软件自动完成投影、消隐生成二维工程图后进行必要的修改和标注。此阶段以二维工程图为主、三维模型为辅，同时作为交付物向下游制造环节传递。

采用三维模型与二维工程图共同表达产品工程设计信息的方法，由于设计上的不断更改以及三维CAD软件转化功能的限制，常常会造成数据冗余、冲突，导致二维和三维数据不一致，设计人员花费大量的时间与精力来维持这种数据的统一性。

3.MBD全三维数字化定义

1997年，美国机械工程师协会在波音公司的协助下发起了三维标注技术及其标准化的研究，并最早于2003年形成了美国国家标准"ASME Y14.41—2003 Digital product definition data practices"。这个标准使3D模型不仅表达了产品的几何形状信息，也包含了3D产品制造信息，这些制造信息包含标准文本、尺寸，以及材料规范、表面精度信息和详细几何公差。2006年，ISO组织借鉴ASME Y14.41制定了ISO标准草案"ISO16792—2006 Technical product documentation– Digital product definition data practices"，为欧洲以及亚洲等国家的用户提供支持。2009年，我国的全国技术产品文件标准化技术委员会以ISO16792为蓝本，制定了GB/T24734.1—24734.11—2009《技术产品文件数字化产品定义数据通则》，标志着我国在产品定义技术的研究中开始与国际先进的理论与方法接轨，融入到第三次产品定义技术革命的潮流之中。

在软件实现方面，国际主流的知名的工业软件供应商UG、Dassault、PTC等公司分别在自己的CAD产品中实现了三维标注等MBD相关的功能模块，使得产品设计和制造过程最终摆脱二维工程图的束缚。在应用方面，波音公司作为该项技术的发起者之一在"787"项目中推广使用该项技术。作为上游企业，波音公司在合作伙伴中全面推行MBD技术。我国的工业企业以及科研院所及院校，在立足自身特点和实际需求的基础上也逐渐开展了MBD技术的应用，在企业中进行基于MBD的产品定义规范制定和软件开发等工作，有力地支援了企业的生产建设。

新技术的应用常常会带来大量的问题，MBD技术也是一样。首先要研究原来的二维表达方法在转换到MBD方式定义时要做哪些改变？其次，在进行这些改变时需要采用的技术手段如何？MBD技术该怎样更好地应用才能促使人们不断地去发展、完善和充实MBD技术体系。在技术发展的过程中总会产生一些新的矛盾，而在解决矛盾的过程中，人们对MBD技术的认识也是逐步地由浅入深、由零散到系统的转变。从目前来看，我国对MBD技术的研究和应用是在实践中不断推进并总结提高的过程。应该借助我国大力发展现代军用、民用工业技术的契机，将MBD技术推向工业实践的舞台，以需求为牵引，以院校与企业的项目合作为支撑，由点到面地逐步推行MBD技术。应从实践中总结有价值的方法和观点，充实扩展已有知识体系，最终完成产品定义技术的升级换代。

（二）MBD 数据集的表达

MBD 数据集是通过 MBD 技术而产生的数据几何模型，其通过图形和文字的表达方式，直接地或通过引用间接地揭示了一个物料项的物理和功能需求。MBD 数据集是 MBD 技术体系的重要组成部分，它是 MBD 技术接驳已有技术体系、发挥信息集成和共享优势的基础和前提。在 MBD 数据集的表达上工业界与科学界逐渐达成了共识并形成了经实践证明行之有效的体系和方法，如图 1 所示为 MBD 数据集的内容组成，包括实体模型、零部件坐标系统、三维标注尺寸和公差、注释以及其他定义数据等。MBD 数据集是精确的三维实体模型，它通过模型指定的几何集关联了产品的三维几何信息、零部件表信息以及描述一个产品所必需的尺寸、公差和注释信息。

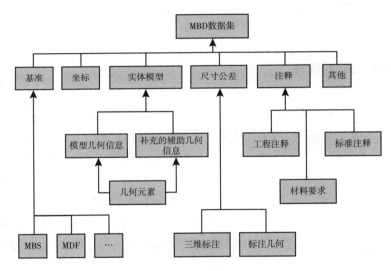

图 1　MBD 数据集的组成

1. 几何信息的表达

和二维工程图纸相比，三维模型更能让后续环节的人员明白和理解设计意图。MBD 数据集在几何信息的构建上借助了三维模型自身的直观性和 CAD 系统所具备的灵活查看功能，极大地降低了设计意图被误解的可能。在 MBD 几何信息的构建过程中，不仅包含精确的产品三维模型，而且还包含该三维模型在构建过程中所包含的参考模型、几何元素、几何约束和能被后续使用人员所理解的各种视图等，这些信息构成了 MBD 数据集几何信息的核心载体，展示了模型内部和模型外部的复杂的关联关系。

2. 非几何信息的表达

非几何信息的表达主要通过属性和标注所展示，包括尺寸和公差的标注、表面粗糙

65

度、表面处理方法、热处理方法、材质、结合方式、间隙的设置、连接范围、润滑油涂刷范围与颜色等内容，如下表所示为某零件 MBD 模型零件所包含的主要非几何信息内容。

MBD 非几何信息表

序号	非几何信息	内　容
1	标准说明（Standard Notes）	适用于说明产品的类型、授权系统以及出口控制类型
2	零部件注释（Part Notes）	包括如热处理、零部件最终处理和零部件标记等信息
3	注释说明（Annotation Notes）	用来描述特定工艺的要求，标注说明是对零件的补充说明，没有固定项，可以描述从公差到工艺要求的所有情况
4	材料描述（Material Description）	包含了相关的原材料、原材料集合，或者制造产品所使用的半成品零部件，通常用来为采购原材料提出要求
5	审核状态（Approval Status）	说明零部件在研制过程中所处的审核时间、审核人和审核状态等

（三）数据组织与管理

综上所述，一个完整的 MBD 数据集包含了如此众多的信息，这些信息元素是构成完整产品模型定义的一部分，它们之间既相互独立，又相互关联。那么这些信息元素之间是如何组织和管理的呢？ PDM 系统是否能进行这些信息的管理？目前来说，绝大多数的 PDM 系统管理对象的最小粒度是零件，其管理的目标是解决产品和零部件之间的关联关系。而针对 MBD 数据集的数据管理则是对其构成的各种元素进行管理，如几何元素、注释元素、参考几何体等，其管理的力度更小，管理的目标是解决设计模型组成元素的有序可控。基于这种粒度的管理，可采用特征树的方法实现 MBD 数据集细粒度的组织和管理，即每一个内容项即作为特征树上的一个特征，而每个特征都还可以被进一步细分，如图 2 所示为某 MBD 模型的特征树展示。这种特征树的组织方式有很大的优势：用户使用 CAD 系统中显示、隐藏、旋转、平移等常用功能就能方便地查询到所需的定义数据或要求；特征树也方便了定义内容与 PDM 系统之间的交互和集成，实现对所有元素的分类控制功能。但是目前还不能做到对分类信息组织视图进行存储的功能，即对于特定的信息元素组合，

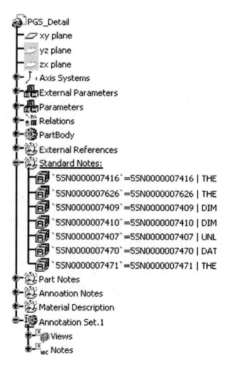

图 2　MBD 数据集的特征树展示

特征树还不能像层及层表过滤那样进行灵活的组合应用，这是后续 CAD 技术发展尚需改进的地方。

总体来看，MBD 技术目前在我国的研究与应用正处于方兴未艾的时期，其表现特点是企业制定需求、院校实施开发、学术界制定规范、工业界积极参与。当前在北京航空航天大学等院校中形成了较有研究特色的团队，在航空、航天企业院所中产生了具有一定规模的应用平台，但总体上呈现一种碎片化、分离化的状态，学术界与企业界的人力、数据、知识等资源尚未有效整合和充分优化，缺少行业协会和专题学术研讨会等必要的学术组织或活动，这将是下一阶段各界人士努力改进的方向。

四、MBD 国内外进展比较研究

MBD 数据集以强大的表现力和易于理解的全三维形式，展示了产品的全部数据信息，同时在其定义的过程中融入了基本的规范标准、知识工程和协同过程，使设计、工艺和制造融为一体，最终使得 MBD 数据集成为企业知识表现的最佳载体。目前国内外的学者和航空公司针对 MBD 技术进行了较为广泛的研究和应用。

（一）国外 MBD 技术的研究与应用

波音公司作为 MBD 技术的发起人之一，率先进行了 MBD 技术的研究和应用。波音公司在 "ASME Y14.41 — 2003 Digital product definition data practices" 的基础上，做了进一步的研发工作，制定了公司的基于模型定义 MBD 技术应用规范 BDS-600 系列，并在 2004 年的波音 787 项目中大规模采用了这一技术。在波音 787 的研制过程中构建了 MBD 技术应用体系，如图 3 所示，即以 MBD 数据集为核心，在全球协同环境 GCE（Global Collaborative Environment）的支持下，借助标准管理系统 iPSM（integrated Product Standards Management）、产品数据管理系统、标准工艺管理系统、CATIA 系统、工艺设计和分析以及生产现场管理系统等系统，通过 MBD 数据集集成产品的设计制造信息，并建立了一套基于 MBD 的工艺设计分析方法和数据管理办法，使工程制造能够在脱离图纸的环境下，按照设计系统给出的内容组织框架实现对产品生产和检验的监督控制。

波音的 MBD 技术应用体系以 MBD 的技术程序文件体系以及 GCE 环境及发放数据管理平台为基础，其中 MBD 技术程序体系规范了数据的操作要求，而 GCE 平台则借助 iPSM 系统、产品数据管理系统等系统和接口实现了工艺工程人员在设计过程中与设计人员的数据共享。此外在对数字化设备的集成应用中，通过 GCE 平台以及生产现场的管理系统，可以将基于 MBD 的产品信息最终传递到生产和检验的设备中，使制造信息更加直观、更加准确。

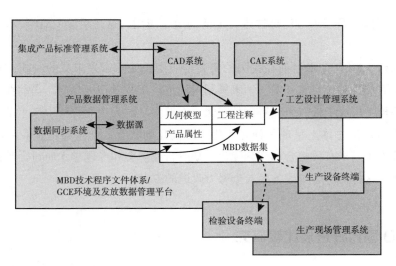

图 3　波音 MBD 技术应用体系

　　波音所构造的 MBD 技术应用体系是一个从与 CAD 系统高度集成的产品数据管理系统到生产检验的完整应用程序，从而使得 MBD 技术体系无论从产品定义内容上到数据组织管理与控制上都有着质的飞跃。波音公司所创建的 MBD 标准规范和技术应用体系指导着分布于世界各地的上百位供应商执行 787 飞机的研制工作。正是波音的带头模范作用，国内外的学者和软件公司也纷纷开始进行 MBD 技术的研究和应用。

　　M.Alemanni 等通过质量功能配置方法针对 MBD 的实施应用进行了研究，其将 MBD 实施程度划分为了三个层次，依次为"向产品的 MBD"、"面向流程的 MBD"和"面向企业的 MBD"。不同的层次对 MBD 数据集的内容关注度也各不相同。其中，"面向企业的 MBD"是 MBD 在企业的深入实践，是 MBD 实施的最终目标。目前的大多数企业还停留在"以 MBD 数据集为主，二维工程图为辅"的 MBD 实践阶段。Virgilio Quintana 等通过针对加拿大两家航空公司的工程、制图、构型管理、适航与认证、制造、检验和知识产权管理等部门进行了三四十轮的访谈后，在技术层面、流程层面和法律层面总结了企业实施 MBD 技术所面临的困难和障碍，展示了针对全面实施 MBD 技术仍有很多深入细致的工作要进行。著名的 CAD 软件厂商，如 CATIA、UG 和 Pro/E 等也纷纷展开对 MBD 技术的研究和软件开发工作。

　　此外，由美国国家标准与技术研究院（National Institute of Standards and Technology，NIST）、制造业推广伙伴计划 MEP（Manufacturing Extension Partnership）、美国国防部和美国陆军研究、开发和工程指挥部以及几个原始设备制造商提出了基于模型企业（Model Based Enterprise，MBE）计划，并联合进行 MBE 环境的开发。MBE 就是以企业之间共享 MBD 模型为基础，并且能够在产品全生命周期内快速，无缝和低成本部署的集成和协同环境。MBE 关注协同和重用，即企业间共享的模型在流转过程中可重用，这个产品定义不仅包含经过一定组织和注释了的产品所有信息，而且还包含能被非 CAD 用户自动提取的所有信息。通过 MBE 技术，供应商能够减少出错率和返工率，同时也减少数据和文档创建工作。此外，MBE 也可以通过快速生成"制造包"功能而减少研制时间，所谓制造包就是包含制造组件所需的所有数据的集合，其能够提供生产时的所有信息。如果 MBE 技术被真正地实施，将会使成本削减至目前的 50%～70%，上市时间减少至 50%。

（二）国内 MBD 技术的研究与应用

我国针对 MBD 技术的研究和应用也是从波音公司的转包生产中开始逐步发展起来的。如今在我国航空航天工业中，通过部分高校及研究院所的不断努力，制定基于模型定义 MBD 定义规范及相关应用规范，同时针对 MBD 技术在飞机预装配、协同设计制造方面进行大量的研究。卢鹄专门针对 MBD 技术的概念、内涵和应用框架进行了详细阐述；周秋忠研究了基于 MBD 的飞机装配技术；杜福洲研究了基于 MBD 的检验技术；简建帮研究了基于 MBD 和 Agent 的飞机结构件协同设计方法，并搭建了协同设计框架，实现了 CAX 软件间的协同通信和互操作。与此同时，"三维模型下车间"等设计模式正在如火如荼地展开；基于 CATIA、UG、Pro/E 的全三维设计规范也在不断完善，在飞机、卫星、火箭等典型产品的生产上，也基本打通了整个数字化设计制造的数据链。同时在大型装备制造业中，诸如南车集团、北车集团等的高速列车设计生产中，也正在全面推行 MBD 全三维数字化设计工作。

中航工业集团下属的沈阳航空发动机研究所利用 MBD 技术完成了型号在设计与制造间的传递，基于 MBD 的产品设计方案通过了试点验证。洛阳空空导弹研究院基于 NX 和 Teamcenter 开发了 MBD 设计系统，工装设计等工作也围绕着 MBD 应用展开研究。

沈阳飞机工业（集团）有限公司（以下简称"沈飞"）在成为波音公司 B787 垂尾前缘和翼尖组件的供应商后，对 MBD 制造技术进行了深入的研究与探索，建立起了一整套基于 MBD 的数字化制造标准规范及工作流程体系。同时"沈飞"根据 MBD 技术的内涵，积极研究与探索能够发挥 MBD 技术最大作用的各种方法，借鉴国内外数字化制造平台的优点，结合企业自身特点及在数字化建设过程中积累的基础，建立起适应 MBD 技术需求的新型数字化管理应用平台，并在 B787 飞机垂尾前缘翼尖组件项目的装配工作中进行了深入的应用。

中国商用大客机 C919 在研发过程中计划要实现基于配置的数字样机管理，其将构型管理和数字样机（DMU）管理合二为一实现两者无缝融合，进而实现可配置的数字样机管理，全面支撑 MBD 技术的应用需要。用户可基于各种设置条件（例如不同设计方案、不同研制里程碑、不同区域、不同架次等），在 IDEAL 平台中过滤出所需要的 C919 数字样机并基于该数字样机状态开展各种工作，例如进行总体协调，重量平衡管理，从而使得不同角色人员在一种逼真的、可配置的三维可视化环境中实现异地的设计评审、仿真和共享。利用这样的管理机制，改变了过去构型管理和数字样机管理两层皮、只管理单一状态数字样机、数字样机数据准确性和有效性难以保证、大量数字样机相关信息（例如飞机重量平衡信息）难以管控等局面，从而促进 MBD 技术的顺利应用。

五、MBD 技术未来发展趋势及展望

MBD 技术提高了产品定义的设计质量和利用效率，但并非是 CAD 技术的简单扩展和应用，它是 CAD 技术、产品数据管理、协同技术以及知识工程等技术的交叉和融合，是未来设计技术的发展方向，必将对航空制造业有着深远的影响。从目前我国 MBD 技术的研究和应用进展来看，各个企业各自为政，分别以自己企业为核心构建 MBD 标准规范，技术上尚未与产品数据管理、协同和知识管理等技术进行深度集成。在应用上侧重于设计或者制造的局部应用，尚未建立类似波音的 MBD 整体技术应用框架，还不能在整个飞机研制过程中应用 MBD 技术。

未来 MBD 技术的发展不仅需要软件技术的保证，也需要管理手段与方法对其合理的应用，借鉴国外的先进技术和应用模式打造适合我国的 MBD 技术体系，主要体现在以下几个方面：

（一）MBD 数据集内容的完善

（1）3D 模型标注的可视化。通过三维模型的可视化效果对标注结果进行有效的展示。相对于原有的尺寸参数，MBD 数据集所带有的工程信息数量庞大，同时显示会对可视化效果带来消极影响，故可以采用合理的工程信息分层显示方法和视图管理对工程标注进行显示。

（2）MBD 数据集的数据结构。数据结构必须支持 MBD 数据集在不同软件系统中的格式转换，并向后兼容旧的 CAD 格式，向前为新的 MBD 应用方法做好准备。

（3）MBD 数据集的数据内容。不同文化、不同行业、不同研制阶段下，用户对 MBD 数据集数据的需求及管理方式不同，对原来二维工程图的依赖消除需要一定的时间和步骤。最终 MBD 数据集将从内容上需要满足所有用户的要求，并满足模型的易读性。

（4）MBD 数据集的完整性检查。MBD 数据集中包含了大量的信息，有些信息是必要的和后续研制环节协同的数据，因此需要建立一套对 MBD 数据集完整性检查的机制和工具，以减少返工率。

（5）MBD 标准规范体系。现有标准体系是各个企业根据自身的需要而建立起来的企业标准，MBD 标准制定不仅没有上升到国家高度，连行业标准也没有统一的计划。各机型项目自行制定各自的 MBD 标准，对下游制造厂的使用和数据提取程序的开发造成很大的困难。而未来的 MBD 技术标准体系将从项目标准、行业标准向国家标准过渡，成为取代现行基于几何定义制图标准的设计标准体系。在实践标准的过程中，需要对现有标准进行实践考核，判断其在实际应用中的合理性，逐步进行改进和补充。

（6）MBD 数据集建模。现有的标准仅仅规定了不同种类模型的构建方法、3D 标注的显示方法和应该标注的内容，但尚未形成标准的模板，建立"傻瓜式"引导方式的建模过程。

（二）MBD 数据集的传输

（1）基于轻量化模型可视化的信息协同。不同供应商或产品用户可能不具有与产品研制企业相同的软件和系统。MBD 数据集作为产品全生命周期中的数据源，需要支持在各种环境下的低成本可视化功能。在该可视化过程中采用公共的轻量化格式是目前最好的策略。基于轻量化模型的远程协同技术自然也会成为关注的热点。

（2）多视图的提取与管理。MBD 数据集包含大量信息，而处于每个环节的用户并不需要所有信息。故可以考虑根据用户的信息需求生成对同一 MBD 数据集的多视图，以减少数据包的传递时间，并减少用户的信息检索成本。

（3）认证体系。需要建立面向全行业的数据兼容标准或认证体系，指导企业尽快达到 MBD 技术应用标准，提高全行业的 MBD 应用水平，为企业间的研发合作创造更有利的环境。

（三）MBD 数据集的管理

（1）企业流程的融合。MBD 数据集的应用改变了原有企业的许多研制过程，例如数据的发放与变更，如何使企业流程与 MBD 思想融合，最终实现减少产品研发时间与降低成本的目标。

（2）数据的重用。MBD 数据集涉及了产品全生命周期数据的管理，必须在产品退出市场以前对数据进行完善的储存。在长期存储数据的同时，也要考虑如何对已有数据进行重用。

（3）PDM 系统的深度集成。现有 PDM 系统可实现零件级别的文档管理，而随着 MBD 技术的深入应用，其可以与 PDM 系统进行深度集成，实现特征级别的细粒度管理。

（4）MBD 技术应用体系。MBD 技术使设计、制造、质保融为一体，也使得 PDM、ERP、MES、质保等系统等走向融合，最终形成 MBD 技术的应用体系，形成基于模型的企业 MBE。

（四）MBD 协同设计

（1）协同定义过程建模与任务规划。MBD 数据集实现的过程是一个由粗到细的设计过程，是多级数字样机的演变过程，而数字样机之间存在着一定的依赖和关联关系，样机的生成本身就是设计人员之间不断协同而产生的结果。此外，由于数字化定义过程中存在着繁杂的信息交互和相互制约的关联，为了使协同定义顺利有序进行，对其相关的设计任务进行合理规划显得尤为重要。

（2）协同设计感知。在协同定义的过程中，协同设计者不仅要关注定义中的共用部分，而且要针对对方的变化情况进行及时快速地了解和响应，因此只有这些信息是"可达"的，才能被协同定义的设计者所感知。MBD 中包含了大量的信息，当模型更改后，相关信息能够及时快速地被其他协同人员所感知和识别，以提高协同设计效率。

（3）协同设计数据关联与可视化技术。MBD 数据集是在协同设计过程中不断地丰富和完善的，几乎涵盖了全生命周期各阶段的所有数据，而这些数据是伴随着协同设计过程由不同专业不同地域的设计人员而产生的，在产生过程中又可能发生了反复多次的协调更改，因此当进行模型定义的细粒度追溯和管理时，协同设计数据的关联和可视化尤为重要。

（五）MBD 与知识管理的深度融合

（1）MBD 技术基于特征控制的建模特点，可有效地描述设计、制造等工程特征，并将蕴涵于其中的知识通过标准的数字化表达方式进行表达，同时也利于以数字化的手段收集、归纳整理知识。

（2）实现 MBD 技术下的知识驱动工程应用方法，建立设计、工艺、制造等过程的知识驱动的 MBD 演化模型。

（六）MBD 与 3D 打印技术的有效结合

（1）基于 MBD 技术提高 3D 打印的工艺水平并开拓并行制造的工艺方法。过去的 3D 成型方法基本上均基于立体平面化—离散—堆积的思路，本身存在着很多不足，这些不足有望通过 MBD 技术对工艺信息和材料属性及几何模型的统一定义技术而得到改观。众所周知 MBD 不同于以往产品定义技术的最突出优势即在于将平面化的工程信息传递方式立体化，3D 打印本身在生产过程中高度依赖信息完备水平和设备自身能力的特点使之与 MBD 技术具有天然的共生基础，积极研究 MBD 技术在 3D 打印中的应用模式和相关定义规范，将是推进 3D 打印走向实用的一个显而易见的有效途径。

（2）开发基于 MBD 的高性能 3D 打印软件，提高数据处理速度和精度。现有 3D 打印软件采用 STL 格式作为产品模型进行生产加工，这种网格数据在进行高精度产品的生产时会遇到精度损失的问题，而用 MBD 技术在产品模型定义中融入误差控制和精度要求，根据加工过程的实时状态和材料状况由模型定义中的精度信息智能调整加工设备参数，减少因 STL 格式转换和切片处理所产生精度损失，将进一步推动 3D 打印应用于更广阔的工业生产领域。

图学推动了 MBD 技术的发展，MBD 技术牵引着图学向前推进。MBD 技术从根本上改变了产品的设计方法和信息应用的方式，其数据集的设计、传递、拓展和应用模式，与现行我国的设计、生产和检验制度有很大的冲突，对现行的研制体制形成巨大的冲击，尤其是在生产现场矛盾更加突出。因此，在我国应用和推广 MBD 技术不仅是技术问题，也是管理问题，尚需一个艰苦的过程。

参 考 文 献

［1］ 范玉青. 机械产品数字化定义的数据内容及其组织. 航空制造技术，2002（3）：41-43.

［2］ Paul Huang. Reuse of Model Based Definition Data to Increase Army Efficiency and Reduce Lifecycle Costs（ARL）. http://model-based-enterprise.org，2010.

［3］ 卢鹄. 基于模型的定义及其管理技术研究. 北京航空航天大学博士后出站报告，2009.

［4］ 冯潼能. MBD 推动传统研制模式"翻新". 中国制造业信息化，2011（14）：16-17.

［5］ 张荣霞，张树生，周竞涛，等. 基于 MBD 的零件制造模型管理. 制造业自动化. 2011（16）：6-9.

［6］ D. Korneffel. Dimensions, tolerances, and more right on the model［digital 3D model documentation］，Machine Design International，2004，76（17）：70-72.

［7］ E.Subrahmanian，S.Rachuri，S.J.Fenves，S.Foufou，R.D.Sriram，Product lifecyclemanagement support：a challenge in supporting product design and manufacturingin a networked economy. International Journal of Product Lifecycle Management. 2005，1（1）：4-25.

［8］ 卢鹄，范玉青. 航空产品数字化定义中工程图作用的探讨. 工程图学学报，2008（2）：29-34.

［9］ 张宝源，席平. 三维标注技术发展概况. 工程图学学报，2011（4）：74-79.

［10］ 周秋忠. MBD 的飞机数字化预装配技术研究. 北京航空航天大学博士学位论文，2009.

［11］ Alemanni M，Destefanis F，Vezzetti E. Model-based definition design in the product lifecycle management scenario. The International Journal of Advanced Manufacturing Technology，2011，52（1-4）：1-14.

［12］ Quintana V，Rivest L，Pellerin R，et al. Will Model-based Definition replace engineering drawings throughout the product lifecycle? A global perspective from aerospace industry. Computers in Industry，2010，61（5）：497-508.

［13］ 杜福州，梁海澄. 基于 MBD 的航空产品首件检验关键技术研究. 航空制造技术，2010（12）：68-71.

［14］ 简建帮，李迎光，王伟，等. 基于 MBD 和多 Agent 的飞机结构件协同设计. 中国机械工程，2012，21（22）：2647-2652.

撰稿人：席 平 于 勇 胡毕富 赵 罡

图学在土木建筑中的研究进展

一、引言

  土木与建筑是基本建设的重要工程领域，不仅包括区域与城市规划、工业与民用建筑物的设计，而且还涉及各类工程设施与环境的勘测、设计、施工和运维等诸多方面。

  土木建筑是继航空、造船后最早引入计算机辅助绘图与设计的行业之一，而且，在基于图形的自主版权软件的开发与应用上独树一帜，并持续发展。现在图学技术在土木建筑行业的研究与应用已涵盖了科学计算可视化、虚拟现实、计算机动画、图形图像融合技术等各个方面。90 年代末期，我国工程设计行业的 CAD 出图率基本达到了 100%，CAD 技术正在从简单的辅助绘图（Drafing）发展成为真正能够辅助设计（Design）的工具。21 世纪初，三维 CAD 技术开始应用，工程设计工作从二维向三维发展，设计过程变得更加直观、简便。近年来，国内外软件开发厂商明确提出了以三维模型为核心的建筑全生命周期 BIM（Building Information Modeling, BIM）概念，并推出了相应软件产品。BIM 技术融合了 CAD、协同设计、科学可视化、图形交换与存放等诸多图学研究内容，综合体现了图学在土木建筑行业的最新研究进展。图 1（见彩图）为 BIM 技术实现建筑全生命周期信息传递的示意图。

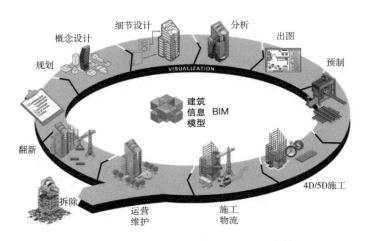

图 1 基于 BIM 实现项目全生命周期信息传递

　　图学在土木建筑行业的应用非常广泛，本报告主要总结和评价：①计算机辅助设计（CAD）；②建筑信息模型（BIM）；③可视化和虚拟现实；④科学计算可视化等四个方面的研究成果和最新进展。

二、图学在土木建筑行业的作用

　　目前，在社会需求和科技进步的推动下，一些与图学有关的新的分支和交叉学科逐渐形成，例如科学计算可视化、虚拟现实、真实感图形技术、计算机动画等，形成了现代图学的研究热点，正迅速发展并在土木建筑行业得到越来越广泛的应用。

（一）计算机辅助设计（CAD）

　　计算机辅助设计是图学在工程领域中的应用，以图形为基础，利用计算机帮助设计人员完成协同设计工作。例如，通过人机交互实现图形的编辑、放大、缩小、平移和旋转等有关的图形数据加工工作；计算机提供几何造型、特征计算、绘图等功能，使设计人员及时对设计做出判断和修改，完成面向各专业领域的各项专业设计；利用计算机完成协同设计，多名设计人员能够实时共享图形数据。

（二）建筑信息模型（BIM）

　　CAD 实际上还只是单纯以"几何图形"为基础的设计，缺乏对产品后续的支持，于是有了 BIM 模型。BIM 是以三维模型为基础，模型内不仅有三维几何形状信息，还包含了大量的非几何形状信息，如建筑构件的材料、重量、价格和施工进度等。这样，BIM 模型几乎包含了建设项目全生命周期内的所有信息，具有可视化、协调性、模拟性、优化性和可出图性五大特点。

　　在实际应用过程中，BIM 可以帮助所有工程参与方提高决策效率和正确性，为设计人员、工程承建商、运维人员乃至业主等各参与方提供"模拟和分析"协作平台。例如，建筑专业利用三维模型推敲建筑方案，可以减少设计中出现的空间碰撞问题；结构专业可在建筑专业模型中，很方便地提取结构构件信息，进行结构计算；施工单位可在结构专业模型中提取混凝土强度等级、配筋等信息，进行物料准备；造价咨询单位可在建筑专业模型中提取门窗类型及设备制造商的产品数据信息进行造价分析；物业单位则可以用运维模型进行可视化物业管理。

（三）虚拟现实与仿真

　　虚拟现实（Virtual Reality，VR）为建筑师们设计和评价建筑方案提供了新的技术手段。运用虚拟现实与仿真技术，建筑师可以按现实世界中任何可能的方式直接与他设计的建筑对象进行交流，这样的过程将更有助于建筑师了解形体、空间、色彩、光照，乃至声学效果并给出相应的评价。

（四）科学计算可视化

利用计算机图形生成技术，将科学及工程计算的中间结果或最后结果以及测量、实验数据等在计算机屏幕上以图形、图像的形式显示出来，使人们能看到利用常规手段难以看到的自然现象和规律。科学计算可视化在土木建筑行业已广泛应用于建筑声光热分析、计算流体力学、结构有限元分析、抗震设计等方面。图 2 展示了国家大剧院的结构计算可视化模型。

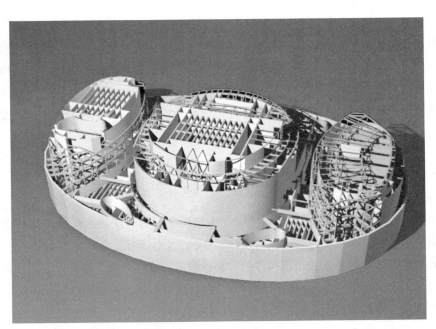

图 2 国家大剧院结构计算模型（由 PKPM 结构分析软件公司提供）

三、我国最新研究进展

（一）从二维协同设计向 PDM 转变

20 世纪 90 年代末，我国土木建筑工程设计已经普遍采用二维计算机绘图和设计，计算机出图率达到了 100%。CAD 技术已经成为土木建筑设计的基本方法，并贯穿于工程的规划、设计和施工管理的全过程。

早期的专业绘图软件都在算法、数据结构、图形界面以及数据管理方式等方面精雕细刻，目的是把设计人员从专业计算和绘图中解放出来，从而使其有精力更关注设计本身。例如 PKPM 施工图软件 PAAD，不但可以接力 PKPM 结构计算数据直接出平法施工图，还可以完成挠度、裂缝的计算以及配筋统计，此软件还首次引入基于三维结构设计模型的施工图表现方式，把建筑模型设计、结构计算以及施工图设计有机地结合起来。图 3 为 PKPM 施工图软件 PAAD 的界面。

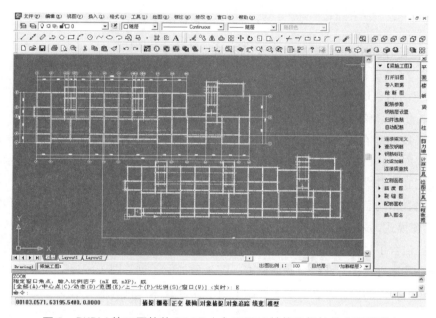

图 3　PKPM 施工图软件 PAAD（由 PKPM 结构分析软件公司提供）

20 世纪初，土木建筑的设计方法已经从计算机绘图向以网络技术为基础的二维协同设计转变。协同设计为设计团队提供了统一的工作平台，在这个统一平台上，通过统一的图纸命名规则，统一的图纸相互参照关系，使设计团队紧密联系，协调一致。在建设部印发的《2003—2008 年全国建筑业信息化发展规划纲要》（建质［2003］217 号）中，明确了"工程设计集成化系统"为发展重点之一，同时提出了"解决 CAD 技术与传统设计管理模式之间的差异，使设计工作规范化、标准化和系统化，优化设计流程，建立协同设计环境"。

协同设计以及集成设计环境的基础是数据集成，这就牵涉到另一项技术：数据管理技术。数据管理技术的发展经历了文件管理、数据库管理和产品数据管理三个阶段。20 世纪初，由于国家政策影响以及企业对设计过程协同化的需求驱动，土木建筑行业开始借鉴国外的产品数据管理技术。PDM 能够提供一个产品开发的协作环境，从而实现共享的集成化工作模式，设计人员（多专业）在同一个管理数据库上工作，信息资源得到了充分共享。

PDM 系统一出现，就成为企业关注和应用的热点，目前，PDM 技术在 CAD 系统集成、MRP/ERP 集成方面的研究方兴未艾。在我国勘察设计企业中，有的沿用了国外公司的共享目录方法；有的把 CAD 文件中的诸如图块、图元以及图纸标签等信息抽取出来，创新研制了二维平台协同设计系统。

在土木建筑行业，三维几何建模技术、科学计算可视化技术以及虚拟仿真技术不断融合，综合性应用发展的趋势越来越明显。随着计算机软硬件的飞速发展，利用先进的计算机辅助设计、分析、模拟仿真、加工集成系统，建立产品集成模型，实现无纸化设计、建造是我国土木建筑行业 CAD 技术的发展方向。

（二）已经展开 BIM 标准化技术的研究

2010 年前后，BIM 在我国建设行业开始被关注。由于 BIM 技术涉及三维图形、虚拟现实、分析仿真、信息管理等多项技术，业主、设计企业以及施工企业纷纷成立 BIM 技术小组，探索 BIM 在本企业的最佳应用方案。因此业内人士常把 2010 年称为我国的 BIM 元年。在国家《2011—2015 年建筑业信息化发展纲要》中曾 9 次提到了 BIM 技术，建设行业已经把 BIM 作为支撑行业产业升级的核心技术重点发展。

图学在 BIM 方面的应用技术主要包括建模技术和标准化技术。BIM 技术抛弃传统的二维 CAD 绘图模式，采用三维建模技术建立建筑实体模型。BIM 模型既包含了建筑构件的几何信息，也包含了材料、生产标准、设计工艺和质量要求等信息。利用 BIM 模型可对建筑构件和设备管道进行多专业综合碰撞检查。图 4（a、b）（见彩图）展示了 BIM 软件直观显示出多个建筑构件的设计冲突。图 5 展示了利用 BIM 技术可直观地展示复杂结构节点。

采用 BIM 技术，需要多个参与方在项目建设过程中采用多套 BIM 软件紧密协作，这对计算机集成技术、网络技术提出了非常高的要求，同时也促进了数据交换格式标准化技术的发展。BIM 数据交换标准主要包括三项：数据模型标准（Industry Foundation Classes，IFC）、《数据字典》（International Framework forDictionaries，IFD）、《过程信息分发手册》（Information DeliveryManual，IDM）。IFC 是产品级的数据表达和交换标准，我国 BIM 研究起步也是从 IFC 数据标准的研究开始的。国家"十五""863"计划中由中国建筑科学研究院承担的子课题"数字社区信息表达与交换标准"，就是对 IFC 数据标准的研究；在这个探索性研究之上，国家"十五"科技攻关项目中列了一个课题"基于国际标准 IFC 建筑设计及施工管理系统研究"，它包括三部分内容：①深入研究 IFC 标准；②基于这个标准开发了一个 CAD 系统；③基于 IFC 开发建筑工程 4D 施工管理系统。在"十一五"国家科技支撑计划重点项目"建筑业信息化关键技术研究与应用"项目中，特别列出了"基于 BIM 技术的下一代建筑工程应用软件研究"课题，对 BIM 技术进行了框架性研究。基于这些研究，2012 年住建部立项了 5 个 BIM 相关标准，由中国建筑科学研究院牵头成立了"中国 BIM 发展联盟"，从建筑工程信息模型统一应用标准、信息模型存储和编码标准等方面展开了 BIM 标准的研制工作。

图 4（a） 通风与结构专业碰撞发现设计冲突 　　图 4（b） 基于冲突通风专业设计优化

［图 4（a）、图 4（b）的 BIM 碰撞检查实例由中国建筑科学研究院新科研大楼 BIM 咨询组提供］

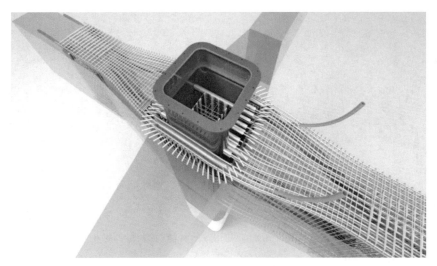

图 5 基于 BIM 的建筑梁柱钢筋节点展示
（建研科技股份有限公司兰州西站 BIM 咨询组提供）

（三）Web3D 技术得到普遍应用

在虚拟现实技术中，土木建筑行业目前应用比较多的是 Web3D 技术。Web3D 技术可以按照产生虚拟环境或模型的方法分为两大类：基于模型 Web3D 的虚拟现实技术（Model- based Technology）和基于图像的 Web3D 虚拟现实技术（Imaged- based Technology）。基于模型的 Web3D 虚拟现实技术以几何实体构建虚拟模型或者环境，而基于图像的 Web3D 虚拟现实技术基于全景图片构建虚拟模型或者环境。基于图像的 Web3D 虚拟现实技术与基于 Web3D 模型的虚拟现实技术有各自的优势。前者相对来讲真实性强，可逼真地表现场景，数据量相对较小，而且可与 flash 技术无缝结合，比较适合在网络上应用；后者可对对象进行任意的操作与预览，交互性强，更为适合表现产品以及细节，使用者可以根据自己实际需求选择最合适的技术。

我国在古建筑修复、园林设计、建筑规划和施工工艺流程设计中已经广泛采用虚拟现实技术，并在奥林匹克森林公园设计，北京、苏州老建筑修复上取得良好的应用效果。在场馆的虚拟现实应用方面，罗立宏等人研究了基于XML的Web3D的大场景虚拟现实应用，侯涛等人介绍了奥林匹克公园虚拟系统设计实例。

虚拟仿真在我国地产行业也已经有较为广泛的应用。虚拟仿真在地产行业的应用主要在3D小区导航、户型展示、全景鸟瞰、园林景观以及未来规划展示方面［图6（a）、图6（b）、图7］（见彩图）。通过楼盘的仿真虚拟，给开发商提供一种崭新的方式展示、宣传楼盘；通过第一人称角色切换，给予购房者以真实在场，亲临其景的感受；在同一角度，对同一户型尝试不同的装潢设计，实时变换房间装修材料，使购房者体验到不同的装修风格。

图6（a） 室内设计图　　　　　　　　图6（b） 小区规划图

［图6（a）、图6（b）的图例由 PKPM 建筑园林软件提供］

图7　园林景观图

（由 PKPM 园林软件提供）

（四）科学计算数据能够可视化展示

科学计算可视化主要研究将离散的数据转换为图形信息的理论、方法以及应用系统的构成，其中涉及很多算法、技术。当前比较主流的技术有4种：①等值线（Contour Rendering）；②面绘制（Surface Render-ing）；③体绘制（Volume Rendering）；④流场显示（Fluid Display）。土木建筑行业主要利用这4种技术，在建筑声光热分析、计算流体力学、结构有限元分析、抗震设计等方面实现科学数据的可视化展示。

超高层、超大跨度建筑和特大跨度桥梁这些超大型复杂结构的设计十分复杂。利用图形可视化技术可以通过颜色的深浅给出三维物体中各点力的大小，用不同颜色表示出不同的等力面，也可以任意变换角度，从任何点去观察，还可以利用图形的交互性能，实时修改各种数据，以便对各种方案及结果进行比较。图8直观地显示了国家体育场钢结构在升温50℃后的结构变形情况。这样的显示使工程师的思维更加形象化，概念更易于理解。

在"十一五"国家科技支撑计划重点项目"建筑业信息化关键技术研究与应用"项目的"建筑工程设计与施工过程信息化"课题中，对大型复杂结构可视化仿真设计软件进行了专门研究，在继续完善中国建筑科学研究院PKPM软件各个模块基本功能的基础上，以平面建模软件和空间建模软件为基础，建立了更为完善的结构模型定位网格、结构模型构件信息、结构荷载信息、结构约束信息、结构计算信息。建立了协调、统一、实用化的建筑结构工程可视化仿真分析信息模型，实现了各可视化仿真分析软件之间的信息集成、共享。

建筑声光热是一种空间的数据场，通过计算可视化可以形象地展示计算数据，辅助绿色建筑的设计，帮助设计师找到最佳设计方案。图9展示了建筑设计前期的采光分析，通过光线强度计算可视化，可以分析采光井的作用是否很有效，室内照度曲线变化幅度是否会很大，通过采光多方案比选确定最佳采光效果。

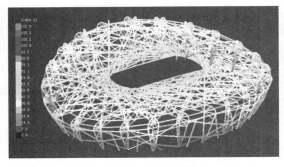

图8　鸟巢升温50℃位移
（由PKPM结构软件公司提供）

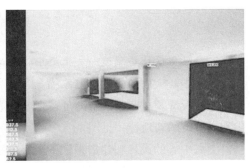

图9　采光分析
（上海现代建筑设计集团有限公司提供）

（五）图学在大型工程的应用案例

1.复杂建筑形体的展示——建外SOHO

总建筑面积33万多平方米的北京银河SOHO项目，要打造一个360度建筑世界，每栋建筑个体都有中庭和交通核心，并在不同层面上融合在一起，创造出连续流动的空间。为了解决前卫设计带来的施工难题，银河SOHO在设计和建设过程中引入了CATIA DP建模软件，完成了极具颠覆性的建筑墙面以及玻璃、钢铁和复合材料的结构形式，解决了大量复杂构件三维建模问题。把复杂设计和创意转变为可交付的项目。

在设计阶段，BIM建模软件有较强的三维数据处理能力和三维可视化能力，在专业碰撞检查等方面处理较好。图10（a）（见彩图）表现了建筑不同视角的透视图，图10（b）（见彩图）是银河SOHO项目组遵照CATIA DP软件的协同工作模式，在BIM模型上生成的系统展示图，很好地表示出了机电设备、管线与钢结构构件之间的位置关系。

图10（a） 银河SOHO内部透视图　　　图10（b） 银河SOHO的BIM系统展示图

[图10（a）、图10（b）来自参考文献11]

2.参数化设计与制造——上海中心大厦

上海中心大厦位于上海陆家嘴金融贸易区，坐落于陆家嘴绿地对面，建成后将与正北面的金茂大厦及东北面的上海环球金融中心形成一组和谐的超高层建筑群，它的建成，将成为上海市的新地标［见图11（a）］。

上海中心的设计和建造采用了数字化技术，面向"性能化设计"的数字化平台帮助建筑师和设计顾问对关键性能指标进行把关，帮助设计团队快速出图，协助施工总包完成施工模拟和预判，为业主带来了极大便利。图11（b）展示了通过BIM软件把多个设计专业

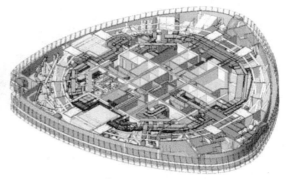

图 11（a） 上海中心渲染图　　　图 11（b） 上海中心基于 BIM 机电碰撞检查

［图 11（a）、图 11（b）来源于参考文献 12］

融合在一起进行专业间设计冲突检测。

3. BIM 技术在建筑全生命周期的应用——中国建筑科学研究院新科研大楼

中国建筑科学研究院结合 BIM 标准的编制，对新建设的院科研大楼采用 BIM 技术进行设计、施工和运维。BIM 实践也为开发基于 BIM 的新自主图形平台，和新一代基于 BIM 的 PKPM 系列应用软件提供技术支持。BIM 标准编制组和 BIM 咨询团队用 Revit Architecture 完成建筑建模，模型转到 PKPM 结构软件进行计算分析，最后把分析后的模型再转回到 Revit Structure 做结构施工图，采用 Revit MEP 做机电建模。运维阶段使用自主开发的 PKPM 运维管理软件。设计阶段利用 BIM 技术提高了设计效率和质量，完成了建筑、结构、机电等专业建模，进行了各专业的碰撞检查、日照分析、风环境分析、室内精装修模拟；施工阶段利用 BIM 技术降低了施工的返工率，完成了施工过程的 4D 进度模拟，施工重点工艺的模拟、机电安装过程模拟等；运维阶段建立了设备应急管理、能耗监测、地下车库管理等系统。不仅完成了 BIM 建模和专业分析，同时，整理出了 BIM 实施应用导则，也为自主研发 PKPMBIM 建模平台积累了经验。

BIM 模型中包含了建设项目全生命周期内的所有信息，因此，它可以在项目的设计、施工等各个阶段，从建筑、机电专业角度，以线框模型、实体模型、施工图纸等各种图形形式，全方位地展示出来，供评价、分析、审查验收。图 12（a）展示了采用 BIM 软件制作的专业模型，由专业模型可以直接生成平、立、剖面二维图纸；图 12（b）（见彩图）展示了利用 BIM 模型进行多专业设计校审，可视化发现设计冲突；图 12（c）（见彩图）展示了 BIM 模型不但可以包含几何属性，还包含了时间、成本等建筑的物理属性和管理属性。

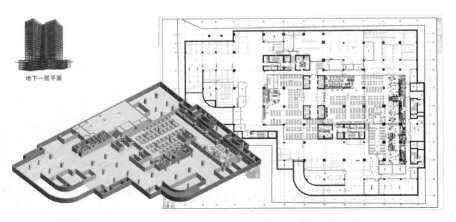

图 12（a） BIM 专业模型直接生成平、立、剖面二维图纸

图 12（b） 利用各专业碰撞检查可以直观发现设计冲突

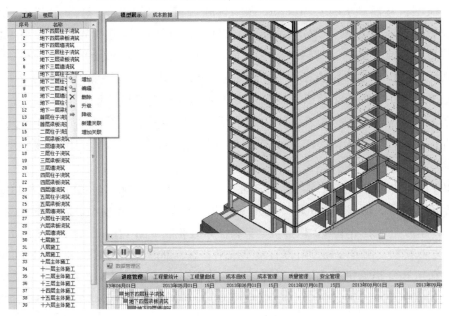

图 12（c） PKPM4D 施工进度控制平台可视化展示进度成本质量等项目信息

[图 12 由中国建筑科学研究院新科研大楼 BIM 咨询组提供]

四、国内外进展研究比较

（一）三维 CAD 制图标准的研究

CAD 标准在协同设计过程中发挥着重要作用。目前，国际上常用的图层标准就图层组织命名来看本质差异不大，各个国家采纳并实行的标准也各有不同。从总体上讲，大多标准是基于 ISO13567 发展起来的，许多国家都有自己的 CAD 标准。在发达国家或地区，如美国、北欧、西欧、日本、新加坡和中国香港等应用较为成熟。随着三维设计的日渐普及，许多国家已经开始了三维 CAD 制图标准的研究。早在 2003 年日本的二维 CAD 制图标准 SXF3.0 版本中，就增加了几何要素的属性定义内容，可以通过该版本的 CAD 数据抽取相应几何要素所对应的工程量，2007 年日本已经把三维 CAD 数据标准编制列入第三次建筑标准化推进计划。我国目前还没有开展三维 CAD 数据标准的研究工作。

当前，计算机辅助设计发展显现出智能化趋势，就流行的大多数 CAD 软件来看，主要功能是支持产品的后续阶段——工程图的绘制和输出，产品设计功能相对薄弱。传统的图形数字仪交互输入和鼠标加键盘的交互输入方法已经很难适应工程界大量图纸输入的迫切需要。因此，基于光电扫描仪的图纸自动输入方法已成为国内外 CAD 工作者努力探索的新课题。但由于工程图智能识别涉及计算机硬件、计算机图形学、模式识别及人工智能等高新技术内容，使得研究工作难点较大。在我国此类研究也非常少，基于光电扫描仪的图纸自动输入方法远没达到产业化程度。

（二）BIM 建模和数据标准技术应用

据麦格劳希尔最新一项调查结果显示，目前北美的建筑行业有一半的机构在使用建筑信息模型或与 BIM 相关的工具——这一使用率在过去两年里增加了 75%。在欧洲、日本及我国香港地区，BIM 技术已广泛应用于各类型房地产开发，BIM 技术将引领建筑信息技术走向更高层次。韩国主要建筑公司都在积极采用 BIM 技术，如现代建设、三星建设、空间综合建筑事务所、大宇建设等公司。

BIM 技术源自美国，美国制定了 BIM 应用指南，对正确应用 BIM 起到了很好的作用。与此同时，英国也参考美国的标准，编写了本国的应用指南。挪威、芬兰、澳大利亚等国家都制订了相关的标准和应用指南。这些发达国家政府非常重视 BIM 的应用，由政府的技术部门或学术组织牵头制定 BIM 标准和指南。2010 年美国发布了《BIM 项目实施指南》第二版；2010 年英国发布了基于 Revit 平台的 BIM 实施标准——"AEC（UK）BIM Standard for Autodesk Revit"，2011 年又发布了基于 Bentley 平台的 BIM 实施标准——"AEC（UK）BIM Standard for Bentley Building"；2011 年挪威也发布了 BIM Manual1.2。一些亚洲国家，例如在 2012 年新加坡发布了 *Singapore BIM Guide*；在 2010 年 1 月韩国国土海洋部颁布了《建筑领域 BIM 应用指南》；日本的建筑学会 2012 年发布了 *JAI BIM Guideline*。上述标准只是 BIM 的实施指导标准，类似 BIM 使用指南，BIM 模型数据格式的国际标准是由 IAI 发布的 IFC，目前 IFC 标准已经发展到 IFC2X4 版本。

目前，我国土木建筑行业使用的 BIM 软件中，国外的 BIM 软件占绝对优势。Autodesk 公司的 BIM 系列软件和 Bentley 公司的 BIM 系列软件应用广泛。由于 BIM 和机械行业构件实体建模的相似性，许多原机械设计行业软件也开始渗透到土木建筑行业，例如法国达索公司，基于 CATIA 三维设计软件，发布了针对建筑领域的 BIM 应用解决方案。测绘行业国际巨头美国 Trimble（天宝）公司，通过收购 Sketchup 建筑设计软件、Tekla 钢结构设计软件，整合了测量（DM）、建筑 BIM 设计（CAD）和地理信息（GIS）三者之间的数据，也已经完成了其在整个土木建筑行业的 BIM 产品布局。

（三）虚拟现实技术在设计施工装修领域的应用

目前，虚拟现实（VR-virtual reality）技术在欧美土木工程领域中的应用已发展到一个新的阶段，它利用计算机技术生成一个逼真的具有视、听、触等多种感知的虚拟施工环境，用户通过使用各种交互设备，同虚拟环境中的实体相互作用，使之产生身临其境感觉的交互式视景仿真和信息交流。

早在 2001 年，日本竹中工务店就开发了景观模拟体验系统 visiMax，目前这套系统已经运用到房地产销售中。这套系统可以把高清晰度的建筑物图像投影到大型广角穹庐屏幕上，从而让人有身临其境的感觉。现在这套系统还可以利用 BIM 数据，使用户在设计阶段就可以真实体验建筑物内部的几何空间和装修样式，通过控制罗盘，还可以实现在建筑物内漫游（见图 13）。

欧美土木建筑行业将虚拟技术主要应用在三个领域：①工程设计领域。三维的虚拟设计环境将设计人员的设计思想以 3D 视图的形式展现出来，把设计方案以可视、可触、可听的方式展现给用户和专家；②工程施工领域。在施工领域，虚拟现实技术可实现工程模拟。利用虚拟现实技术模拟多方案的施工过程，找出其各自的优劣；③建筑装修领域。通过虚拟现实技术，设计师将自己的设计理念融入三维虚拟模型，设计师、客户和施工方可身临其境地观看装饰效果，这在很大程度上增强了相互间的沟通，提高了设计效率。我国

图 13　日本竹中工务店 visiMax 景观模拟体验系统

在虚拟现实技术的应用领域和应用深度方面，同国外相同，基本用于设计、施工以及装修领域的可视化展现。

（四）科学计算可视化的含义的扩展

科学计算可视化（Visualization in Scientific Computing）一词首先出自 3 位美国学者的专题报告。该专题由美国科学基金会支持。当今科学计算可视化的研究对象主要集中在三维数据场的可视化，用于医学、气象场、温度场、力场、有限元分析、流体力学中的大量三维数据图形展示。

目前土木建筑行业在科学计算可视化方面的代表性软件基本都由国外公司开发。如对建筑性能进行诸如光照分析、热能分析、声学分析的代表性软件 Autodesk Ecotect Analysis 由欧特克公司所有，结构分析可视化软件 ABAQUS、MARC、Adina 和 ANSYS 都是国外软件公司的产品。

近年来，随着计算机硬件和网络技术的进步，分布式计算环境的组建已经变得非常普遍，分布式环境下的并行绘图技术的研究是以后土木建筑行业的值得关注的方向。另外，随着科学技术的发展，科学计算可视化的含义大大扩展，它不仅包括了科学计算数据可视化，而且还包括实验、测量数据的可视化。

五、图学发展趋势及展望

图学在土木建筑行业发展经历了手工绘图、计算机辅助 2D 画图阶段，目前已开始全面进入计算机辅助 3D 制图阶段，未来的图学发展将会在人和建筑之间构建一种自由交互的平台，在这个平台中参与者可以根据需要实时增加、修改、删除建筑中的对象，并可以随时查询对象的所有信息。

（一）主要技术发展趋势

1. 虚拟环境建模技术

虚拟建筑环境的建立是土木建筑图学技术发展的核心内容。通过激光扫描或者多角度摄影灯技术，可以对于建筑、桥梁、道路、铁路等进行扫描，获得早期的现实点云数据，得到虚拟建筑环境。

2. 实时三维图形生成和显示技术

三维图形的生成技术已比较成熟，而关键是怎样"实时生成"，在不降低图形的质量和复杂程度的基础上，如何提高刷新频率将是今后重要的研究内容。此外，图学的发展还依赖于立体显示和传感器技术的发展，现有的虚拟设备还不能满足系统的需要，有必要开发新的三维图形显示设备。

3. 新型交互设备的研制

为实现人能够自由与虚拟图像进行交互，犹如身临其境，借助的输入输出设备主要有头盔显示器、数据手套、数据衣服、三维位置传感器和三维声音产生器等。因此，新型、便宜、鲁棒性优良的数据手套和数据服将成为未来研究的重要方向。

4. 分布式模型共享技术

随着 Internet 应用的普及，一些面向 Internet 的模型共享技术的应用使得位于世界各地多个用户可以进行协同工作。将分散的建筑模型或虚拟场景通过网络联结起来，采用协调一致的结构、标准、协议和数据库，形成一个在时间和空间上互相耦合的虚拟合成环境，参与者可自由地进行交互作用。

图学在土木建筑中的应用充满活力、具有无限应用前景，但仍然存在许多有待解决与突破的问题。为了提高系统的交互性、逼真性和沉浸性，在新型传感和感知机理、几何与建模新方法、高性能计算，特别是高速图形图像处理等方面都有许多具有挑战性的问题有待我们进一步解决。

（二）发展策略

1. 深化 BIM 标准化的研究

要加强 BIM 标准化的研究。在"十二五"期间，住建部立项了《建筑工程信息模型应用统一标准》等五个 BIM 标准，标准的颁布将为建筑业 BIM 推广奠定技术基础。表 1 中列出了国外 BIM 相关标准，表 2 列出了国内有关 BIM 标准的编制情况。

（1）ISO 已发布的 BIM 相关标准

住建部也设立了 BIM 相关标准的研究，国内研究单位、院校、企业、软件开发商共同承担 BIM 标准编制工作。

表 1　ISO 已经发布的 BIM 相关标准

中 文 名 称	时 间（年）
ISO12006-2:2001：建筑施工 . 建造业务信息组织 . 第二部分：信息分类框架	2001
ISO/PAS16739:2005：工业基础分类 .2x 版 . 平台规范（IFC2x 平台）	2005
ISO12006-3:2007：建筑施工 . 建造业务信息组织 . 第三部分：对象信息框架	2007
ISO22263:2008：建造业务信息组织 . 项目信息管理框架	2008
ISO29481-1:2010：建筑信息模型 . 信息交付手册 . 第一部分：方法和格式	2010
ISO/DTS12911：建筑信息模型指南框架	2011

（2）国内正在编制的行业 BIM 标准

表 2　国内 BIM 相关标准

中 文 名 称	预计完成时间
《工业基础类平台规范》	已发布（GB/T25507–2010/ISO/PAS16739:2005）
《建筑工程信息模型应用统一标准》	2013 年 12 月
《建筑工程信息模型存储标准》	2013 年 12 月
《建筑工程信息模型编码标准》	2014 年 12 月
《建筑工程设计信息模型应用标准》	2014 年 12 月
《制造工业工程设计信息模型应用标准》	已发布

2. 以实际应用带动发展

我国土木工程图学应用的整体水平在国际上地位不高，技术开发创新少、仿制多。要改变这种状态，应该努力捕捉国内的应用需求，以应用促理论，以应用促创新，鼓励学科交叉，在土木和建筑领域发展有特色的图学理论和方法。

重视应用软件开发，从政策、资金等多方面鼓励软件开发部门向产业化发展。通过产业化形成竞争优势，从而引导关键技术创新。

3. 继续发展图学教育，提高行业图学应用水平

网络的发展使得知识可以轻易获取。必须继续发展图学教育，提高工程技术人员的整体素质，进而推动图学在土木建筑行业的创新应用。目前国内越来越多的大型项目采用 BIM 技术，BIM 技术已经成为土木建筑行业的关键技术之一，发展 BIM 教育已经成为当务之急。2012 年中国图学学会开始在全国开展 BIM 技能培训和考评工作，推动了我国 BIM 人才的培养进程。

（三）展望

现代图学是一门富有生命力的学科，已经成为新一代数字化、虚拟化、智能化的设计平台。计算机图形学及其 CAD 基本理论与技术已相对成熟，其衍生、辐射的科学计算可视化、真实感图形技术、虚拟现实系统、地理信息系统、图形图像融合技术、先进建模及仿真技术、计算机艺术及动漫制作系统等及其软件开发与产业化，已得到大量应用。随着时间的推移，可以预料，图学必将臻于完善并被广泛地运用到土木建筑行业的各个方面。

在经济全球化、市场多元化、竞争差异化的大趋势下，建筑业所面临的竞争环境日趋严峻。通过科技创新，利用现代图学技术促进土木建筑行业的持续发展是提高行业核心竞争力的有效途径。目前，国内自主开发的软件与国外相比还有很大的差距，因此，追赶世

界现代图学发展步伐，提升图学在土木建筑行业的应用水平是未来几年土木建筑行业图学研究的主要任务。

参 考 文 献

［1］ 章拓，贺向东，陈家欣. 试论国内外图学学科的发展现状和发展趋势［J］. 厦门教育学院学报，2011，13（3）：36-44.

［2］ 丁宇明. 向交叉学科方向发展的工程图学［J］. 武汉大学学报（工学版），2001，34（6）：75-78.

［3］ 中国建筑科学研究院. PKPM 施工图软件 PAAD 用户手册. 2012.

［4］ 中国勘察设计协会建筑设计分会. 2008—2009 年中国建筑设计行业年度发展研究报告.

［5］ 李云贵. 国内外 BIM 标准与技术政策［J］. 中国建设信息，2012，20：20-25.

［6］ 张峰，王薇薇. Web3D 虚拟现实技术概况与分析比较［J］. 科学之友，2008，5（14）：130-131.

［7］ 罗立宏，谭夏梅. 基于 XML 的 Web3D 大场景虚拟现实应用的研究和实现［J］. 工程图学学报，2007（4）：1-44.

［8］ 侯涛，范湘涛，郭华. 奥林匹克公园虚拟系统设计［J］. 中国图形图像学报，2008（3）：548-551.

［9］ 李晓梅，黄朝晖. 科学计算可视化导论［M］. 长沙：国防科技大学出版社，1996.

［10］ 中国建筑科学研究院. "十一五" 国家科技支撑计划重点项目 "建筑业信息化关键技术研究与应用" 研究报告［R］. 2012.

［11］ 潘石屹 SOHU 博客（http://pan-shiyi. blog. sohu. com/185231155. html）. SOHO 中国的网络革命. 2013.

［12］ 彭武. 上海中心大厦的数字化设计与施工［J］. 时代建筑，2012，5：82-90.

［13］ 明星，邓雪原. 国外建筑 CAD 图层标准发展现状与研究［J］. 第十六届全国工程设计计算机应用学术会议论文集，2012：393-398.

［14］ 董建峰，梁晓. 基于数据协同的日本勘察设计行业信息化发展［J］. 土木建筑工程信息技术，2010，9：104-110.

［15］ Computer Integrated Construction Research Group. Building Information Modeling Execution Planning Guide Version2. http://bim. psu. edu［R/OL］，2013.

［16］ 日本建築学会. BIM ガイドライン［R/OL］. http://www.jia.or.jp/resources/news/000/225/ 0000225/p7NmnPji. pdf 2013.

［17］ 竹中工務店. ドーム型ビジュアルシミュレータ visiMax. http://www. takenaka. co. jp/news/2012/02/01/［R/OL］，2013.

［18］ McCormick，Bruce H，DeFanti，Thomas A，Brown，Maxine D. Visualization in Scientific Computing. Computer Graphics，1987，21（6）：1-14.

［19］ 王凯. 国外 BIM 标准研究［J］. 土木建筑工程信息技术. 2013，1：10-15.

［20］ 中国建筑科学研究院. 勘察设计和施工 BIM 技术发展对策研究［R］. 住建部建筑工程质量与安全监管司课题研究结题报告，2013.

撰稿人：王　静　高承勇　林海燕　李　智　董建峰

图学在工业设计中的研究进展

一、引言

《现代汉语大词典》中对"设计"的定义：根据一定要求，对某项工作预先制定图样、方案。而工业设计是指以工学、美学、经济学为基础对工业产品进行的设计。工业设计分为产品设计、环境设计、传播设计、设计管理4类，包括造型设计、机械设计、电路设计、服装设计、环境规划、室内设计、建筑设计、UI（User Interface）设计、平面设计、包装设计、广告设计、动画设计、展示设计、网站设计等方面。

图学在工业设计中起着举足轻重的作用，图学学科的每一步发展都极大地影响着工业设计学科的设计理论、设计技术、设计制造周期和产品的制造成本。

在工业设计发展的早期阶段，设计师一般采用徒手草图帮助设计构思，通常在概念设计阶段就要画出大量的图样。图学中透视理论的创立和发展对产品的概念设计和表达起到很大的作用，而投影理论的创立对设计表达和产品制造更是带来极大的便利。

计算机技术的发展，使计算机图形学、计算机图像处理、计算机辅助设计等与图有关的新兴学科也随之发展壮大，各种图像处理技术、CAD技术使设计师从繁重的手工绘图中解放出来，越来越多地使用计算机草图绘制软件和三维建模软件等来完成产品设计。图样的标准化也是工业设计师所必须关注的问题。逆向工程、虚拟现实技术、科学计算可视化、图像融合和数字媒体技术、数字化制造技术等在工业设计的不同阶段均得到广泛的应用。

二、工业设计

（一）定义

在2006年11月召开的中国工业设计协会理事会议上，公布了由湖南大学何人可教授组织翻译的"工业设计"最新定义，扩大了工业设计的内涵。

工业设计定义（国际工业设计联合会）：

（1）目的。设计是一种创造性的活动，其目的是为物品、过程、服务以及它们在整个生命周期中构成的系统建立起多方面的品质。因此，设计既是创新技术人性化的重要因素，也是经济文化交流的关键因素。

（2）任务。设计致力于发现和评估与下列项目在结构、组织、功能、表现和经济上的关系：

1）增强全球可持续性发展和环境保护（全球道德规范）；

2）给社会、个人和集体带来利益和自由；

3）最终用户、制造者和市场经营者（社会道德规范）；

4）在世界全球化的背景下支持文化的多样性（文化道德规范）；

5）赋予产品、服务和系统以表现性的形式（语义学）并与它们的内涵相协调（美学）。

设计关注于由工业化而不只是由生产时用的几种工艺所衍生的工具、组织和逻辑创造出来的产品、服务和系统。限定设计的形容词"工业的"（industrial）必然与工业（industry）一词有关，也与它在生产部门所具有的含义相关。也就是说，设计是一种包含了广泛专业的活动，产品、服务、平面、室内和建筑都在其中。这些活动都应该和其他相关专业协调配合，进一步提高生命的价值。

（二）工业设计的发展历程

工业设计的发展可以划分为四个时期。第一个时期是自 18 世纪下半叶至 20 世纪初期；第二个时期是在第一世界大战和第二次世界大战之间；第三个时期是第二次世界大战后到 20 世纪 90 年代；第四个时期即现在所处的信息时代。

第一个时期是工业设计的酝酿和探索阶段，设计从传统的手工艺逐步向工业设计过渡，并为现代工业设计的发展探索出道路。该时期的设计主要以手工设计为主，所以徒手绘制产品图样的能力要求很高。

第二个时期是现代工业设计形成与发展的时期。这一期间工业设计已有了系统的理论，并在世界范围内得到传播。这期间的重要代表就是德国的包豪斯。包豪斯设计学校奠定了现代工业设计教学体系的基础。所以，通常也认为真正的工业设计起源于包豪斯（Bauhaus，1919—1933），德国魏玛市公立包豪斯学校（Staatliches Bauhaus 的简称），后改称设计学院（Hochschule für Gestaltung），习惯上仍沿称包豪斯。

包豪斯的教育模式是在基础课中，把平面与立体结合的研究、材料的研究、色彩的研究独立起来，并牢固建立在科学的基础上。在设计中采用了现代材料，以批量生产为目的，创立具有现代主义特征的工业产品设计教育。包豪斯进行了平面设计的功能探索，并且采用了手工工作室制度。

第三个时期是工业设计与工业生产和科学技术紧密结合的时期。由于战争的洗礼，使得人们的思想与各个地方的政治产生了极大的转变，使得战后工业设计思潮极为混乱，出现了众多的设计流派，多元化的格局在 20 世纪 60 年代后开始形成。

　　第四个时期是现在信息时代的工业设计，计算机技术的发展使得工业设计的技术手段有了明显的转变。以计算机图形学为基础的计算机辅助设计技术为代表的高新技术开辟了工业设计的崭新领域，先进的技术与优秀的设计结合起来，使得技术人性化，真正服务于人类。美国的苹果公司，德国的青蛙设计公司就是其中的代表。由于互联网的普及，商业全球化，信息全球化，资源全球化使得人们的交流与互补越来越频繁。人们的观点，理念基本都趋于统一。全球一体化是个不可逆转的大潮，工业设计在其中也将深受影响。其设计的观念由以前地域的划分逐步变为人群的划分，以前是欧洲、美国、亚洲这样的地域划分，以后将是以儿童、老人、青年或者以白领、蓝领、居家者等人群来划分。随着计算机技术的发展，未来对于设计师的计算机辅助设计的技术要求将会大大高于 20 年代的设计师。

（三）图学是工业设计的重要根基

　　工业设计是一门集艺术、技术、人文、社会等科学于一体的交叉学科，这已是同行的共识。目前也一致公认，培养学生的造型能力是工业设计专业四年本科教学中的重中之重。但单就产品造型设计本身来说，美观并不是其优劣的唯一评判准则。同时，产品造型是离不开诸多技术和经济因素的。在强调培养学生创新思维能力的今天，片面强调培养造型能力而忽视相关技术图学方面的教育，可能会误导学生而造成严重后果。

1. 工业设计专业与图学密切相关

（1）早期工业设计专业的研究内容

　　传统的产品造型设计，都是先展开平面简图的构思，形成稍微完整的方案之后，开始绘制三维简图，完全定型后再根据需要绘制传统的效果图、三视图或制作简易的模型。在图 1 中可见，包豪斯时期的工业设计专业的研究内容中，有相当一部分是图学学科的基础内容，如《几何形研究》《结构练习》《制图学》以及《体积构成》等占了总课程量的三分之一以上。

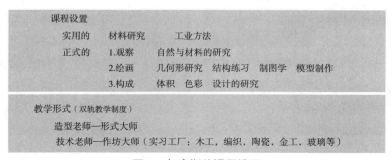

图 1　包豪斯的课程设置

流程1

流程2

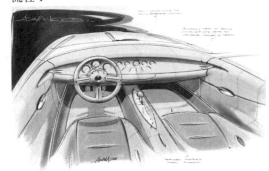

流程3

流程4

流程5

流程6

流程7

流程8

图2　某汽车公司的新车设计流程

在包豪斯的学生练习中，包含线构成、面构成等的几何训练是非常基础和重要的学习实践内容。包豪斯建立了一套完整的设计教育方法，不仅对促进工业设计学科的成长，奠定工业设计教育的基础起着决定性的作用，而且对平面设计，产品设计一直到建筑设计的所有现代教育都产生了影响。

（2）现代工业设计专业的研究内容

随着计算机技术的不断发展，计算机的应用越来越广泛，工业设计也不例外。现代的设计工作，几乎脱离不了计算机的辅助。计算机辅助工业设计（Computer Aided Industrial Design，CAID），就是计算机辅助设计技术（CAD技术）与工业设计技术的有机结合。现代三维造型软件的不断涌现，使设计人员可以将他们的设想，很方便地利用计算机来表现，如可以在屏幕上绘制三维立体模型，描述所设计产品的形状、结构、大小、模拟在光线照射下产品表面的色彩、明暗和纹理以及模拟物体的动态工作过程等。它实际上是把原来用很多时间，用铅笔在纸上画的设计图，以较少的时间和更高的质量"画"在电脑中，需要时再用打印机或绘图机输出。这些都是利用计算机作为一种设计工具，帮助设计师更有效地完成设计工作。

我国最早的设计院校大多是以美术学校为基础而建立起来的，从而设计教育主要以技法训练为中心。学生把大量的时间花费在技法上，因为那时的设计图纸只能用手工的方式表现。如今由于计算机技术的发展，个人电脑的普及给设计带来了无法想象的冲击。原先用画笔描绘或用其他特殊技法完成的效果图，现在只需要一台硬件配置较高的电脑和AUTOCAD、PHOTOSHOP、3D STUDIOMAX、CORLDRAW等优秀的图形图像处理软件相配合，便可使绘图的效率有很大的提高，并且图样美观、准确。所以，现代的工业设计专业的研究更多涵盖了计算机图形学、计算机辅助设计等内容。

2. 图学在工业设计实践中的重要性

图2（见彩图）所示为国外某汽车公司的新车设计流程，充分说明了以图学为基础的产品手绘创意表达和计算机辅助三维建模的重要性。

三、最新研究进展

（一）虚拟设计与设计可视化技术

现代社会的发展已经进入数字技术时代，是用数字技术来代替陈旧的传统工艺。视觉艺术的发展是迅速与醒目的传递信息过程，因此数字技术将是工业设计发展的"新天地"。虚拟现实技术是数字技术的高端科技，是现代工业设计发展的重要部分，是利用三维图形生成技术，多传感交互技术以及高分辨显示技术，生成三维逼真的虚拟、想象环境。

虚拟现实技术应用到工业设计中，改变了设计师设计方案的表达方式和设计过程。它将设计的过程更加科学合理化了，同时也将设计方案的展示方式从一个平面的图片方式扩展到真正的三维空间。目前，虚拟现实技术在我国工业设计中的应用主要表现在产品设计、展示设计、建筑环境设计等方面。

1. 在产品设计方面

虚拟现实技术在产品设计中的应用已较成熟，通过语音信号等输入设备、操控设备、数据手套、定位设备、可视信号的输出设备来实现产品设计的互动虚拟。

设计师在设计过程中，可以通过触感与模型进行直接和自然的互动，通过力学反馈输入设备，设计师能在短时间内不断对模型进行修改和生成新的概念模型。

设计师可以在虚拟环境中对新设计的产品进行使用测试，应用虚拟仿真软件对产品进行逼真地模拟各种物理学运动，实现如碰撞、摩擦等自然现象，可以避免产品在制造出来后才发现的不必要的麻烦。

在新产品发布和推广时引入虚拟现实技术，让人们在网络上使用虚拟的产品，从而了解产品的功能和使用方法。

采用虚拟技术进行产品设计使得设计过程具有高度真实感与互动性，是传统工业设计所无法比拟的，也是设计本身的人性化的体现。

2. 在展示设计方面

将虚拟现实技术引入展示中，比传统的展示更具有趣味性和互动性。在现代网络展示设计方面，虚拟现实技术也发挥着越来越重要的作用，如虚拟博物馆、图书馆等。在虚拟博物馆中，用户可以通过键盘上的方向键在走廊中前进、后退、停留，近距离观看名画等。

3. 在建筑环境设计方面

利用虚拟现实技术，可以使建筑环境的空间性在创作期间就得到完美体现，使建筑环境设计中的空间体验更具有交互性和真实性。

我国在虚拟现实技术方面正在开展深入的研究与开发，例如，浙江大学 CAD&CG 国家重点实验室开发出了一套桌面型虚拟建筑环境实时漫游系统，哈尔滨工业大学计算机系已经成功地虚拟出了人的高级行为中特定人脸图像的合成，表情的合成和唇动的合成等技术问题，并正在研究人说话时头势和手势动作、话音和语调的同步等问题。

（二）计算机辅助的造型设计

计算机辅助工业设计彻底摆脱了传统的设计模式，在设计过程、方法和质量上，与传统设计相比，都发生了质的变化。在 CAID 中，计算机辅助造型技术的研究主要集中在自由曲面设计和草图设计方面。

在产品外形的自由曲面设计中，曲面特征的应用是一个重要的发展，有 3 种曲面特征，即基本表面、串通图形以及移动特征。

草图设计能够有效地将工业设计与 CAD 技术之间的"鸿沟"进行填补。这种技术的重点有两个：一是人机交互，即设计手绘怎样才能被设计系统有效地模拟出来；二是草图重建。

工业设计师常常借助 CAID 软件做出优秀的工业设计方案，比较常用的是 Rhinoceros 和 Alias 软件，图 3（见彩图）所示是用 Alias 设计的电动剃须刀以及将模型导出到其他软件中进行渲染的效果。

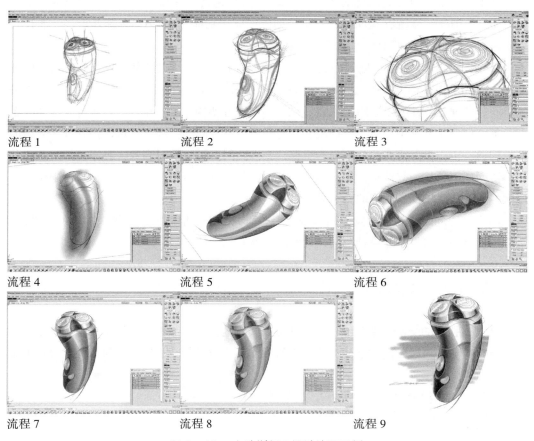

图 3　Alias 电动剃须刀设计流程示例

（三）计算机支持的协同设计

协同设计是指为了完成某一设计目标，由两个或两个以上设计主体或称专家，通过一定的信息交换和相互协同机制，分别以不同的设计任务共同完成同一个设计目标。不同领域、不同地域的专家协同完成设计任务，已经成为现代设计的发展趋势之一。所以，网络环境下的协同工业设计也成为研究的重点。

中科院计算所 CAD 开放实验室开发的协同设计系统有：WBTool 是一个基于多层 Client/Server 结构的、支持群体协同工作的通用白板工具，具有文字和图形处理功能；CoDrawS 是在对传统单用户图形编辑器（VC5.0 例程）的源程序进行改造和扩充之后建立的协同图形编辑系统；CODDS 则是一个对象图（一种 OOA 分析用的示意图）协同设计系统。WBTool 和 CoDrawS 突出了协作能力，但是图形应用功能比起 CAD 系统有很大差距，而且与目前流行 CAD 系统图形数据库格式不兼容。

浙江大学国家 CAD&CG 重点实验室和人工智能研究所曾经研究和开发了一个电子白板系统，并准备以此为基础对协同图形 CAD 系统进行研究和开发。该电子白板系统和 WBTool、CoDrawS 系统存在同样的不足，即图形应用功能比起 CAD 系统差很多，而且与目前流行 CAD 系统的图形数据格式不兼容。

复旦大学协达 CTOP 协同软件是一个基于 INTERNET 环境的高效协同工作平台，同时又是优秀的个人桌面办公工具。它是国内最早推出的 Java 版通用协同软件，融入了先进的协同管理理念，并率先运用领先的 SOA（面向服务架构）软件技术，切实有效地解决企事业单位信息化管理中，对于工作流协作与沟通的关键问题。利用它可以把管理中复杂的信息沟通、工作事务等在单位部门、组群、个人之间，进行及时高效、有序可控、全程共享地协同处理，是一套性价比极高的应用软件，已得到一定程度的应用，但是仅限于文本层次，并不能真正深入图形的交互显示。

国内在协同工作软件开发方面取得了一些研究成果，但开发的系统大多为原型系统，至今还没有一个可供工业设计协同设计使用的商业化软件。

（四）计算机支持的交互设计

计算机技术的交互功能赋予了设计师可以实时地查看作品的三维模型，找出其中的不足进行下一步的修改；同样能让客户预先看到作品完成后的"真实"效果，并对设计方案提出修改意见。

计算机交互技术在工业设计中有以下的特点：

1. 交互性

基于计算机交互技术的产品虚拟展示设计中，计算机能生成一种与产品本身特性和设计初衷相符的虚拟环境，用户能对虚拟环境与数字展示物两者所传达出的信息进行主动性的接收、认知、反应和反馈。虚拟展示设计不是一个静态封闭的世界，而是一个互动开放的系统。它可以通过设计、控制、管理、调动装置去影响用户或被用户所影响。

2. 体验性

基于计算机交互技术的设计展示为观者营造出一个人为"真实"的虚拟环境，通过计算机图形构建的三维数字模型，内嵌于计算机中产生逼真的"虚拟现实场景"，从而使人在视觉、听觉、触觉等多种感觉器官方面产生一种综合体验。

3. 即时性与高效性

基于计算机交互技术的设计展示能够直接跨越传统展示耗费的时间成本，即时将企业最新的产品及其特性通过数字化技术、多媒体手段以及虚拟现实的网络平台直接展示给用户。产品的目标客户群体和用户能及时接收浏览并反馈各种信息，反映了虚拟展示的高效性。

4. 全面性

在基于用户需求的虚拟展示设计系统中，以三维数字实体构建产品模型，全面准确地表现出产品的结构特征和性能特点，同时将这些信息及时通过网络传达给用户，用户能够在虚拟展示系统中全面把握产品信息。一般而言，产品信息主要包括产品的三维模型信息和性能信息。前者包括产品的静态信息，比如外观造型、色彩、结构、材质等，后者指的是产品的动态运行信息，比如在使用过程体现的特征以及运行性能和状态等。最重要的是，这些物理信息在虚拟展示设计中将会转化为数字化信息，使得用户掌握的产品信息既全面又准确。

基于计算机交互技术的虚拟工业产品展示设计并不是仅仅通过图片、文字或视频音乐来取悦用户的。其中的交互设计起着决定性的作用。为了使体验者充分与展示进行交互，交互部分包括视角交互、色彩材质交互、性能交互及反馈、驾驶模式交互等（图4，见彩图）。

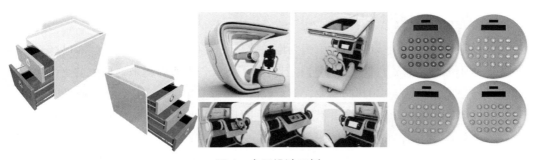

图4　交互设计示例

（五）计算机辅助的创新设计

工业设计的核心是产品设计。产品的创新性、外观造型、宜人性、环保性等因素愈来愈受到重视，在竞争中占据突出地位。这种趋势促使企业在着手进行新产品开发时把面向产品的创新性、外观造型、人机工程等的设计提到一个新的高度，从而也迫切要求对工业设计的研究能有进一步的突破，以提高企业形象、产品设计水平和市场竞力。

创新设计是一个相当重要的过程，在这一过程中，相关设计人员在设计方面的概念设计是产品设计过程中最能体现人的智能并决定产品性能和成本的重要阶段。创新是概念设计的灵魂。在概念设计阶段，由于对设计人员的约束相对较少，具有较大的创新空间。然而创新是建立在大量知识和信息的基础上的，需要信息检索和整理、信息提取挖掘等。将概念设计的创新研究与计算机技术紧密结合起来，通过使用计算模型和计算机工具，利用计算机的高信息存储量以及可视化手段，为设计人员建立一个能激发创作灵感的环境，对支持创新设计将是一种行之有效的方法。为了提高制造业对市场变化和用户需求的迅速响应能力，设计正在向智能化、自动化方向发展。要实现这一目标，需要计算机能在更大范围、更高水平上支持设计专家做出各种创新设计决策，提高创新设计水平。

目前，基于 TRIZ 理论的创新设计软件在部分大企业中已经取得了较好的应用效果。GE、Montorola、Ford、HP、IBM 等都已开始使用计算机辅助创新技术解决工程技术问题，并使之成为企业解决技术难题和实现创新的有效工具。基于 TRIZ 理论的创新设计软件还在不断出现，这些软件使设计中的概念、原理、工具与知识库紧密结合，应用这些软件设计者能充分利用优秀的工程设计实例，为正在开发中的产品提供设计参考，使设计快速、有效、高质量地完成。

四、国内外进展比较研究

（一）中国的工业设计

1. 我国工业设计的引入与发展

20 世纪 80 年代工业设计引入中国内地，这是我国工业设计的萌芽期。20 世纪 90 年代初进入模仿期。进入 21 世纪，工业设计迎来了春天，工业界越来越重视工业设计，与此同时，工业设计成为一门热门专业，很多院校相继设立了工业设计系或工业设计专业。

我国台湾地区在 20 世纪 60 年代引入工业设计，20 世纪 70 年代成立了台湾的工业设计协会，为了台湾产品的升级换代，先后推出三个重要计划:《五年全面提升工业设计能力计划》、《五年全面提升产品品质计划》和《全面提升国际产品形象计划》。

我国香港地区的工业设计始于 20 世纪 50 年代，1968 年成立了香港工业设计委员会，其日常工作可分为促进工作（如举办设计展览和设计竞赛等）、教育工作（如举办各种训练课程及研讨会等）、专业工作和国际活动（参与国际会议交流情报资料等）四个方面。香港的平面图形设计事业蓬勃发展，具有国际竞争能力。

2. 我国内地工业设计的现状和存在的主要问题

（1）大部分制造企业未能充分认识工业设计的价值和作用

目前，中国的大部分制造企业的经营模式是围绕制造的，而不是围绕市场的，更不是围绕设计的，表现为与设计相关的业务仅仅由外观设计部门来负责，相应的品牌定位、市场调查和用户服务等业务均分散在各个互相独立的部门，缺乏严格的流程来保证设计品质，也缺乏充分的沟通和清晰的责权利分工。

出现这样的问题，主要是对工业设计的认知水平低。事实上，外观设计只占工业设计不到 10% 的比例，工业设计的主要工作是对消费者现实和潜在需求的研究，现实的需求可以保证差异化，潜在的需求可以保证高利润，一些知名的企业，例如海尔等就是这样做的。

（2）工业设计产业并没有真正形成

目前，工业设计的骨干力量主要还是在高校。"理论先行"、"教育先行"，本身并没有错误。但是，由于缺乏实践的支持，工业设计的理论研究不可避免地陷入空虚化的"泥潭"，过分地夸大工业设计的作用，提出一些遥远而不切实际的理论。工业设计是一门实践的学科，如果"教育先行"演化成"教育为主"，将阻碍工业设计学科和产业的健康发展。随着制造业的发展，工业设计重心将实现从教育界到产业界的转移，这种转移是必然要发生的。未来大企业的工业设计师具有最高的实践水平，其次是工业设计公司内的设计师或个人设计师，高校只是培养工业设计师的摇篮。

（3）工业设计人才缺乏

尽管我国工业设计的从业人员与日俱增，但缺乏高水平的设计师，大部分年轻设计师只是掌握产品设计的基本理论，缺乏对市场的敏锐洞察力和对材料加工的相关知识，缺乏应用新技术的能力，并且对各种生产手段比较陌生，不能根据产品的特点和生产的数量决定适合的材料。大部分设计师不能深入地进行真正的设计，需要进行进一步的专业培训。

（二）欧洲的工业设计

根据英国设计委员会 1997 年 7 月对英国 450 家公司的调查显示，由于英国对设计的重视，有 91% 的公司改善了企业的形象，88% 的公司加强了与客户的交流，80% 的公司进入了新的产品市场，70% 的公司设计降低了产品的成本。由于设计业的发达，英国被视为一个现代化而充满创意的国家。

德国产品以设计精良、工艺规范、质量一流及售后服务好在全球享有盛名，与企业不仅注重产品外观视觉效果，更强调内在功能和质量有关。德国是一个设计意识非常强的国家，根据调查，2/3 的 14 岁以上的人理解设计，包括基本日用商品的设计，与此同时 18% 的人把它作为新潮设计，16% 的人认为，就普通设计而言，设计是给予产品造型和形态，15% 的人认为它包括产品的创造性开发。设计重要性不仅在企业家心中扎根，同时在普通老百姓心中也已扎根。

法国很重视工业设计教育，1980 年综合性大学和学院的工程和技术系第一次开设工业设计课程，1982 年建立工业设计学院。文化部支持工业创造促进委员会（APCI）和工业创造中心（CCI）。工业部支持全国 10 多个设计中心。

意大利的设计根植于其悠久历史和灿烂文化，强调文化性、艺术性、历史性，强调自己的传统，同时又十分强调创新。意大利人乐于应用新技术、新材料，接受新色彩、新形式和新美学观，追求新潮流，意大利的前卫设计引导着世界设计。

北欧各国的工业设计既保留了自己民族的手工艺传统，又不断吸收现代科技中新的、有价值的东西，一直具有理性与人性相结合的独特的个性。瑞典、挪威、芬兰、丹麦四国较早地注意到设计的大众化和人为因素，将人体工学的知识广泛应用于设计中，使设计出的产品形态和结构符合人体的生理和心理尺度，并更具有人情味。他们提倡由艺术家从事设计，使设计走上与艺术相结合的道路。

（三）亚洲的工业设计

日本的工业设计是先从政府扶持，政策引导，再到企业集团重点抓设计和新产品开发的。日本工业设计的主要特点是：①形成"轻""薄""短""小"和"节能"的独特设计风格；②重视"消费研究"和"使用操作研究"不断追求使用方便、功能完美；③"定向设计"：针对不同国家、年龄、性别、职业、爱好及使用环境的目标市场的需要，实行定向设计并使产品系列化；④重视"人机学"和"先进的科学技术成果"；"博采众长"、"融合现代欧美产品的设计风格"；⑤简洁、率直、诚实，不作无用的修饰。利用简单的几何形态和大面积的单一色彩，配以必要的镶条，使产品给人以简练和富有时代感的印象。

同时，日本也非常注重计算机辅助工业设计技术的研究。东京技术学院精密和智能实验室研究了一个用于建立三维模型的人性化界面，称为 SPINAR（Space Interface Device for Articial Reality）系统。NEC 公司计算机和通信分部中的系统研究实验室开发了一种虚拟现实系统，它能让操作者都使用"叶七用手"去处理三维 CAD 中的形体模型，该系统通过 VPL 公司的数据手套把对模型的处理与操作者手的运动联系起来。京都的先进电子通信研究所（ATR）系统研究实验室的开发者们正在开发一套系统，它能用图像处理来识别手势和面部表情，并把它们作为系统输入。该系统将提供一个更加自然的接口，而不需要操作者戴上任何特殊的设备。

韩国是继日本后亚洲最早推进工业设计的国家。韩国的工业设计大致分为萌芽和发展两个时期，1960 年前属于萌芽期，1960 年后属于发展期，此时，韩国对设计的民族性、社会性的认识，上升到了一个新的高度，即由工艺概念发展为设计概念，观念的更新促进了韩国工业设计的发展。

印度工业设计中心（IDC）位于孟买的印度技术学院内，用来对建筑和工程专业的毕业生进行工业设计研究生的培训。自 20 世纪 70 年代开始，工业设计的情形已发生了巨大改变。

（四）美国的工业设计

美国的工业设计一开始遵循英国和欧洲的模式，在结合美国国情时根据经济需求和实用主义风格，逐步形成以实用、合理而著称的特点。第二次世界大战期间，美国军事工业的发展，扩大了工业设计师的活动范围，使人机工程学得到了发展，成为工业设计中运用最广泛的一门新兴科学。第二次世界大战后，美国的经济能称霸世界，其中一个原因就是包豪斯设计运动传播了现代设计观念，使美国的资源、技术得以充分发挥，导致美国经济繁荣，产品行销全世界。

美国传统设计以实用、合理而著称。美国工业设计的一条原则是首先想到为人服务。设计要为人服务，就要特别注意安全标准。设计就是创新。美国这个由世界各地移民后裔组成的国家，追求多元化、崇尚冒险与创新精神，反映在工业设计中表现为高科技加大胆幻想，高情感加多元文化，使新产品层出不穷。同时，美国人很重视高科技的利用，波音公司在研发波音 787 客机中，采用了协同设计的方法，并发展了协同方式。波音公司只负责飞机的总体设计，把部件的详细设计交给了部件的制造单位进行，波音仅负责十几个大部件的对接总装工作（图 5，图 6，见彩图）。

图 5 基于模型的人体工程模拟仿真

图 6 基于模型定义的波音 787 对接总装仿真

五、图学发展趋势与对策

（一）我国工业设计的发展趋势

对于建立在激烈市场竞争基础之上的工业设计而言，如何化危为安，进行行业结构调整，提升设计品质，进而形成由"中国制造"到"中国设计"、"中国创造"的阶段演变，从而为行业未来良性发展建立基础，已成为中国工业设计界必须认真研究的课题。

1. 品牌意识逐渐加强

在北京、上海、深圳等发达地区活跃着一定数量的工业设计公司，各公司的规模一般为 20 ~ 50 人，它们比较注重公司的设计品牌和服务质量，同时也初步形成了从市场研究、设计开发到生产制造环节的整套服务体系。这些设计公司在服务流程和工作方法上比较规范，善于配合企业的工作流程来提供专业的设计服务。

2. 企业对设计创新的要求更高

随着市场竞争的加剧，产品设计更依赖于设计创新。早期，设计行业的创新主要集中在设计造型的改进方面，但现阶段企业更需要有创造性和具有核心竞争力的产品设计，从而使设计创新比任何时候都显得重要。近年来我国的企业如海尔、美的等吸收了国际品牌的技术研发和品牌运作经验，纷纷从"中国制造"转向"中国设计"。这给"中国制造"的企业树立了榜样，让企业逐步意识到工业设计创新是当前企业走出国门、提升品牌形象和盈利能力的一条捷径。

3. 专业化成为行业主导趋势

工业设计的行业对象，正在从起初的家电产品和手机等通讯产品，到现在的汽车等交通工具，其专业化趋势越来越明显，企业对设计的专业化要求越来越高。以往设计行业服务范围无所不包的情况正在改变，国内设计界正直接面对国际同行的竞争，特别是工业设计公司，越来越需要专注并切实提高自身的服务质量。

（二）我国工业设计的发展对策

1. 继承传统，弘扬简约美学，提升创新能力，提高核心竞争力

提升创新能力、提高核心竞争力，必须发展民族设计风格。在当前全球化进程加速的大背景下，文化趋同性逐渐增强，而差异性正在消失。在此情况下，中国的工业设计要真正凸显个性并走出困境，必须大力拓展对民族设计风格的研究，在吸收、借鉴、融合的基础上进行富有中国特色的产品设计，走自己的产品设计、品牌研发之路，以满足需要为前提，提升设计品质和设计素养，在全球范围内逐步形成中国的设计风格。

中国传统美学中有许多有价值的东西，反映了艺术内在的本质和规律，所以要继承传统，弘扬简约美学（图7，见彩图）。如："大象无形，大音稀声"，《道德经》关于形态的释疑与朴素设计观建立；"形随功能，形随形"的形态观衍变过程，为进一步研究提供依据；"沉厚内敛、无中生有、气韵生动"的中国传统艺术哲学，使基于中国哲学思想的形态观建立成为可能。这些都是我国传统图学中美学的精华，是应该继承的。同时，中国传统文化又有其时代局限性，所以，继承必须是发展的、批判的，要给传统文化赋予生命。

2. 学习国外先进设计理念、发展计算机辅助设计技术

（1）进一步加强对现代设计方法学的研究。立足于现代工业设计的发展方向，从设计对象出发，对设计过程及设计方法进行深入研究，充实CAID的理论基础。

（2）进一步加强对创新设计技术的研究。研究设计思维过程和计算机支持下的设计过

图 7　简约设计案例

程应遵循的原则和规范；探讨各类创新技法，深入研究创新设计的原理、方法和技术。

（3）进一步加强对设计过程中智能技术的研究。研究设计过程及其评价过程中的智能支持技术；研究面向工业设计的智能支持系统。

（4）进一步加强对设计过程中并行、协同、全生命周期设计技术的研究。研究设计过程中的并行设计技术；研究设计过程中的协同设计技术；研究面向全生命周期的绿色设计技术。

（5）进一步加强对人机交互技术研究。在传统交互手段的基础上，研究在虚拟现实等新兴技术支持下的人机交互技术。

3. 加大政策扶持力度、加强工业设计的人才培养

一是通过政府支持、鼓励高等学校加强工业设计专业的学科建设力度。二是加强企业相关设计人员的在岗培训，包括到国外工业设计实力较强的公司或院校的定期培训、联合办学、人员交流等方式，使设计人员接触到世界上最先进的设计理念，加快设计人员的成才。三是通过制订一些优惠措施来吸引、留住设计人才，培养工业设计的领军人物，形成有竞争优势的设计团队，推动由单一的人才培养机制上升到人才培养的战略管理机制。

参 考 文 献

［1］柳冠中. 走中国当代工业设计之路［M］. 长沙：湖南科技出版社，2008.
［2］张劲松. 协同产品开发链中过程管理、产品配置与数据管理技术研究［D］. 华中科技大学，2004.
［3］范玉顺，李建强. 制造网络集成平台技术研究［J］. 计算机集成制造系统——CIMS，2003（3）：169–174.
［4］桂劲松，王赟平. 工业设计的价值创新与伦理责任——2006 年国际工业设计联合会工业设计定义关键词解读［J］. 美术大观，2008（7）：174–175.
［5］何人可. 工业设计史［M］. 北京：北京理工大学出版社，2002.

［6］孙颖莹，熊文湖. 产品基础设计——造型文法［M］. 北京：高等教育出版社，2009.

［7］窦杉. 世界工业设计发展的趋势［J］. 中外建筑，2013（1）：52-52.

［8］柳冠中. 工业设计学概论［M］. 哈尔滨：黑龙江科学技术出版社，2004.

［9］杨汝全. 工业设计专业手绘表达课程教学浅析［J］. 大众文艺（理论），2008（6）：48-49.

［10］杨亚萍，郭茂来. 工业设计专业产品设计表现教学研究［J］. 嘉兴学院学报，2010（2）：66-69.

［11］裘晓红. 当代中国工业设计教育分析与批判［D］. 浙江大学，2006.

［12］［美］克里斯蒂娜·古德里奇，等编著，设计的秘密：产品设计2. 刘爽译.［M］. 北京：中国青年出版社，2007.

［13］李启光. 计算机辅助工业设计的三维造型思路探讨——关于3dsmax与Rhino两种不同建模思路的比较［J］. 内蒙古科技与经济，2007（13）：60-62.

［14］刘启文，邱枫. 基于计算机交互技术的工业设计展示研究［J］. 武汉理工大学学报，2008（9）：162-165.

［15］席涛. 论虚拟现实技术（VR）引导工业设计的发展［J］. 包装工程，2007（7）：124-126.

［16］张丽丽. 探究计算机辅助工业设计软件的创新一：从Rhino建模到Cinema4D渲染［A］. Proceedings of the2008 International Conference on Industrial Design（Volume1）［C］. 2008.

［17］田凌，童秉枢. 网络化产品协同设计支持系统的设计与实现［J］. 计算机集成制造系统 –CI MS，2003（12）：1097-1103.

［18］ULRICH Kari T, et al. 产品设计与开发. 詹涵菁译.［M］. 北京：高等教育出版社，2005.

［19］大卫·瑞尼. 企业产品创新［M］. 北京：知识产权出版社，2009.

［20］张劲松. 工业设计在中国企业的现状和趋势分析［J］. 电器，2006（5）：26-30.

［21］徐霍成，张华，辛鹏. 未来工业设计的多元化发展趋势［J］. 中国包装工业，2012（9）：39-40.

［22］张磊，葛为民，李玲玲，等. 工业设计定义、范畴、方法及发展趋势综述［J］. 机械设计，2013（8）：97-100.

撰稿人：王枫红　陈锦昌　陈炽坤

图学在可视媒体中的研究进展

一、引言

可视媒体技术主要是以计算机图形学和计算机图像处理两个学科为基础，以通过计算机采集、存储、处理及传输的文本、图形、图像、声音、视频和动画等多种信息载体为处理对象的新兴技术。其中，计算机图形学主要是研究如何在计算机中表示图形、计算图形和显示图形，从处理技术上，图形主要分为以工程图为代表的基于线条信息表示的图形和具有几何、纹理、光照等信息的真实感图形；计算机图像处理则主要是以上述两类图形栅格化后的数字图像为研究对象。

图学是研究图的科学，从广义上包括了图形和图像，是研究图形、图像构造过程中表达、产生、处理与传播的基础理论，是计算机图形学和计算机图像处理技术的理论基础，更是可视媒体技术的理论基础。可视媒体技术依托于计算机图形学和计算机图像处理技术，是图学理论的重要应用领域。因此，可视媒体技术与图学从根本上就具有非常密切的关系，图学理论的进步可以促进可视媒体技术的快速发展。

随着社会信息化的不断推进和互联网技术的日益普及，可视媒体的数据规模不断扩大、数据类型日益多样，已成为信息化社会的重要组成部分。可视媒体具有信息量大、内容丰富、表现力强、便于存储和传输等诸多优点，在社会生产和人民生活中发挥着不可替代的作用。可视媒体技术已成为促进经济发展、满足人民日益增长的精神文化生活、维护社会稳定的重要手段。因此，国内外学者针对可视媒体技术开展了深入的研究工作。

针对可视媒体最新的研究热点与难点，本报告将首先介绍可视媒体关键技术的研究内容，然后总结近 5 年来国内在可视媒体领域的重要研究成果，并对国内外相关研究进展进行比较分析，最后给出可视媒体技术未来的发展趋势和展望。

二、可视媒体的关键技术

（一）媒体内容的处理、检索与合成关键技术

媒体内容的处理、检索与合成是可视媒体技术的关键技术之一，目前主要研究热点是构建数字媒体素材库，应用于影视广告设计和动漫设计等。一方面可以从海量媒体数据中检索出有效的媒体素材，提供设计的创意和原材料；另一方面又能在设计完成后的制作过程中进一步增强数字制作的逼真度。现有的媒体内容处理、分析与检索方法对于不同媒体载体类型存在显著差异，针对不同的媒体类型，研究者们试图提取能够有效表征媒体内容的视觉、听觉特征，根据不同的应用需求进行特征的变换和增强，并利用机器学习方法建立底层特征与高层概念之间的对应关系。

（二）三维高效逼真建模关键技术

利用计算机构建逼真的虚拟环境是构建可视媒体内容的核心技术之一，可以突破传统可视媒体内容获取的时间空间限制，满足创意设计的特殊需求，直接决定了以可视媒体技术为基础的数字文化创意作品的逼真程度。当前，面对应用中要求三维场景规模更大、表现更精细、特效更逼真的需求，研究者做了卓有成效的工作。在高效建模方面，广泛应用的一直是基于测量的快速建模，而当前的研究主要是大规模点云数据的自动拼接、基于语义的模型修复、保持细节的几何变形、真实感材质建模、流体及柔性物体的建模与仿真等方面。

（三）虚实融合场景生成与交互关键技术

虚实融合技术是增强可视媒体内容创作逼真度、增强用户沉浸感的重要手段，该技术致力于将计算机生成的虚拟景物与客观存在的真实景物共存于同一个可视媒体空间，从感官和体验效果上给用户呈现虚实融为一体的逼真场景。基于虚实融合的交互策略已成为国内外研究的热点，近期进展主要集中在：①虚拟景物和真实景物的虚实三维注册与空间遮挡处理；②虚拟图形物体和真实视频图像的景物颜色融合与一致化处理；③基于目的光照信息的场景虚实光照融合及其阴影效果处理；④面向虚实融合场景生成的图像与视频素材处理；⑤基于虚实融合场景的界面设计与交互机制；⑥虚实融合场景的用户感知因素分析与可信度量评价等方面。

三、图学最新研究进展

国内外有大量学者正从事着可视媒体技术的研究，产生了许多优秀的学术成果。由于篇幅有限，本报告仅选择网络上公开发表的国内具有代表性的部分相关工作进行介绍。

（一）媒体内容的处理、检索与合成技术的进展

清华大学可视媒体研究中心开展了网络环境下海量可视媒体智能处理的理论与方法研究，在网络海量内容的视觉感知高效计算与分析学习、符合人类感知的可视媒体交互融合与呈现、异构多源可视媒体的关联挖掘等方面上取得了重要进展。在媒体内容处理分析方面发表了一系列论文，如针对互联网图像内容进行分析、处理和检索，利用用户草绘图自动生成新的图像等（图1，图2）。

图 1　利用用户简单文字和草图合成新图像

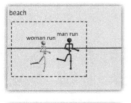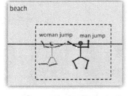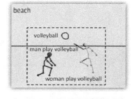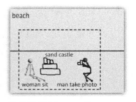

图 2　基于人物图像数据库的风格化图像合成技术

北京航空航天大学数字媒体北京市重点实验室在媒体内容的处理、分析与检索方面进行了相关研究，深入研究了数字媒体的认知机理和数字媒体分析处理的新理论、新方法，提出了基于层次化和整体化相结合的认知计算模型，完善了媒体对象的层次化表示与描述框架；围绕媒体对象多义性和多态性的特点，探讨了面向多义性对象的机器学习理论与方法，形成了上下文关联的多模态高维异构数据描述模型。其中，视频分析与传输方面的成果已在智能视频监控中大批量使用，形成了对视频质量提高处理（包括去隔行、视频稳定、增强等）（图 3）、异常检测和目标跟踪、大场景全景图拼接等功能为一体的视频处理框架，极大地提升了用户对监控视频的使用感受；在基于人脸图像的视频图像分析和检索方面，构建了人脸识别和检索系统，检索结果可靠有效（图 4）；在基于人的行为特性的视频分析及检索方面，能够根据人的行为特性进行人的身份识别和检索，并开发了基于媒体库的智能数字动漫合成系统（图 5）。

图 3　夜晚图像增强效果
（左侧图为夜晚实拍图像，右侧图为增强后图像）

监控视频　　　　　人脸索引　　　　　　　　　　　部分检索结果

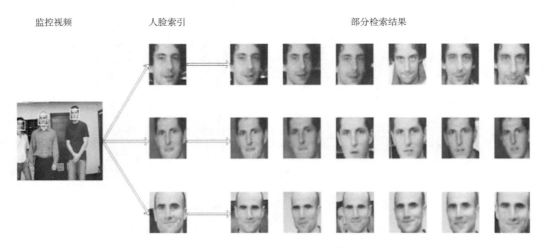

图 4　基于人脸的高效智能检索系统

图 5　智能数字动漫合成

国内其他单位针对可视媒体的理解、认知、处理等方面开展了相关研究工作，如南京大学围绕媒体数据多义性特点，在媒体数据多义性的形成机理分析，媒体对象固有多义性的学习机制，面向多义性对象的机器学习理论与方法等方面开展了研究工作；中国科学院自动化所围绕媒体内容的多态性特点，在有效的跨媒体表示模型构建，基于异构底层特征融合的面向不同粒度语义的映射模型，建立面向媒体内容的以实体、关系和事件为核心的结构化语义描述体系等方面开展了研究工作；北京大学围绕可视媒体的结构分析与机器学习，在可视媒体结构分析计算基础理论与方法、高维可视媒体数据的本征表达、可视媒体分析与处理的机器学习方法等方面开展了研究工作；上海交通大学围绕网络可视媒体的语义分析与信息整合开展了基于视觉先验的可视媒体结构分析，可视媒体运动目标的语义分析与感知，跨视域多场景视觉信息整合等方面的研究工作；中国科学院计算技术研究所经过两年多的研究与开发，研制出了一套面向运动训练的视频分析软件系统——DVCoach，该系统将先进的数字视频技术引入运动训练中，以提高运动训练的科学性与效率。这些单位的研究各具特色，大量研究成果在国际重要会议及期刊上发表，一些成型系统在相关领域已经得到实际应用。

（二）三维高效逼真建模技术的进展

在大规模点云数据的自动拼接与空洞修复方面，北京航空航天大学虚拟现实技术与系统国家重点实验室开展了一系列关键技术的研究，利用三维扫描仪获取的点云数据构建物体的三维几何数据模型，实现超过 100 幅深度图像数据的快速配准（图 6）。由于自遮挡

图 6　深度图像的快速配准

图 7　保持结构特征的几何空洞的修复

问题的存在，使得三维扫描仪无法获取完整的三维几何模型，被遮挡的部分在几何模型上会产生空洞，该机构研究了保持结构特征的几何空洞修复方法，能够根据上下文数据正确的修复空洞缺失部分的几何细节，构建高精度的三维几何模型（图 7）。

在基于图纸（图像）的建筑及城市场景建模方面，香港科技大学研究了基于图像的街道建筑建模技术，利用采集的连续图像序列，简单的手动交互生成街道建筑的三维模型（图 8）。

中国科学院深圳先进技术研究院开展了基于扫描仪获取点云数据的城市建筑建模技术，通过 2D 图像和 3D 点云数据的互补分析，求解建筑的重复性组件（图 9）。

北京航空航天大学虚拟现实技术与系统国家重点实验室开展了基于中国古代建筑图纸的中国古代建筑建模技术，结合语义分析建筑图纸，提取建筑规则，识别建筑组件，构建可编辑的建筑三维模型（图 10），并可以进行编辑和快速生成古代建筑群（图 11）。

在几何数据处理和皮肤变形方面，浙江大学 CAD/CG 国家重点实验室开展了相关工作研究，提出一种将网格动画或运动捕捉数据迁移到任意几何模型的方法，可以实现动画数据的重用（图 12）；提出一种动画过程中几何形状变形数据的插值方法，在不同关键帧之间可插值得到符合物理特征的几何形状（图 13）。

图 8　基于连续图像序列的街道建模

图 9　基于扫描点云数据的建筑建模技术

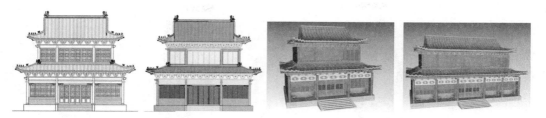

图 10　基于建筑图纸建筑建模技术

（从左至右分别为输入图纸，分割识别，建模结果，改变形状结果）

图 11　基于规则快速生成城市场景

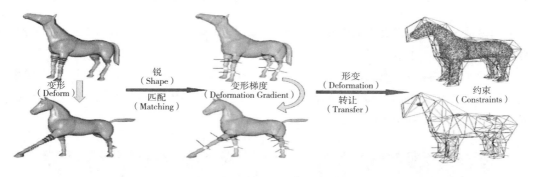

图 12　动画数据的迁移及网格变形

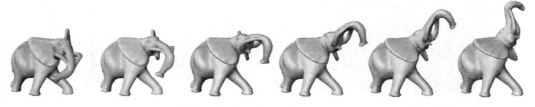

图 13　关键帧动画几何形状插值结果

（最左侧和最右侧两幅图为关键帧，中间为插值结）

北京航空航天大学虚拟现实技术与系统国家重点实验室提出一种多尺度细节保持的几何变形技术，主要包括基于皱纹的多尺度变形驱动非刚性配准方法，基于几何与姿态空间的大尺度局部回归模型，基于高频偏移量的小尺度手部几何变形方法，能够实现高精细节的手部变形模拟（图 14 ）。

在物体外观材质反射属性建模方面，北京航空航天大学虚拟现实技术与系统国家重点实验室研制了一套反射属性采集设备（图 15 ），并开展了基于数据驱动的空间变化双向反

图 14　高精度几何细节的手部变形模拟

图 15　真实物体外观反射属性采集、建模与编辑结果

（第一幅图为采集设备，第二幅图为实际采集物体建模后的绘制效果，第三幅图为编辑后的绘制效果）

射分布函数 SVBRDF 建模技术研究，提出一种基于 Kernel Nystrom 的 SVBRDF 数据重构、分解与编辑方法（图 15）。

微软亚洲研究院针对物体外观反射属性建模也开展了相关研究工作，研制了多套采集设备和建模方法，如基于 LED 灯的多光谱物体表面双向反射分布函数采集设备（图 16）及基于移动设备的 SVBRDF 采集及建模方法（图 17）。

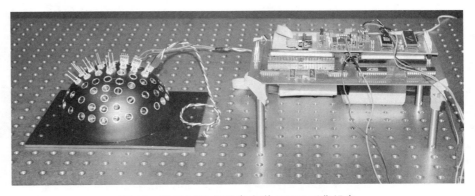

图 16　基于 LED 灯的多光谱 BRDF 采集设备

图 17　可以移动的 SVBRDF 采集设备

在流体及柔性物体的建模与仿真等方面，北京航空航天大学虚拟现实技术与系统国家重点实验室开展了基于 SPH 和多 GPU 集群的流体仿真技术研究，主要研究成果包括提出一种弱压缩光滑粒子流体动力学（Weakly Compressible Smoothed Particle Hydrodynamics）的流体仿真方法，在此基础上提出一种基于粒子的流固交互方法和自适应标量场的流体表面重建方法（图 18）。

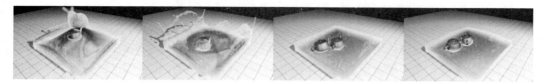

图 18　流固交互仿真

（三）虚实融合场景生成与交互技术的进展

在虚实融合场景生成与交互方面，北京理工大学光电技术与信息系统实验室是国内最早开始相关研究的单位之一，针对我国重要历史遗迹圆明园，提出通过户外增强现实系统来进行圆明园数字重建的解决方案，提出了定点式观察增强现实系统、手持式便携增强现实系统以及头戴式漫游增强现实系统，并应用于圆明园"大水法"遗迹的数字再现工程。

浙江大学计算机辅助设计与图形学国家重点实验室承担了国家重点基础研究发展规划项目（"973"），研究虚拟环境与现实环境混合的理论和方法，旨在通过构建高保真虚拟对象（环境）的信息模型以及与现实世界相一致的真实对象信息模型，实现虚拟环境与现实环境或其信息模型的多层次融合和相互作用，使用户获得一种与其经验相符的真实体验，以增强人们探索、认识客观事物的能力。在实时相机跟踪、深度图像计算（如图 19 所示）以及基于深度信息推理的视频合成（如图 20 所示）等方面取得了较多研究成果。

北京航空航天大学虚拟现实技术与系统国家重点实验室在"虚实融合的协同工作环境技术与系统""863"重点项目支持下，开展了虚实融合关键技术及应用研究，提出了多

图 19　基于视频图像序列的深度图像重构

重新拍摄
(Re-filming)

组成（Composition）　　景深（Depth-of-field）　　雾合成（Fog Synthesis）

图 20　基于深度信息推理的视频合成

层次的视觉力觉空间虚实融合一致性处理、支持大空间可重构力反馈装置和变拓扑精细操作的力触觉交互、基于层次模型的人体变形和基于少量传感器的体感交互、基于内容理解的可保持外观结构特征的建模等创新技术，以虚实无缝融合为核心、力触觉和体感交互为手段、物体外观结构高效建模为基础，形成了一套具有自主知识产权的虚实融合环境构建与交互技术，并形成了相关工具和平台，应用于飞机驾驶舱仪表设计、发动机拆装维护和飞机座椅拆装维护等工业领域（如图 21 所示）。

图 21　虚实融合关键技术在飞机驾驶舱、发动机拆装维护和飞机座椅维护等领域的应用

国内其他单位针对混合现实、增强现实技术也开展了相关关键技术研究，如：中国科学院软件所围绕增强虚拟型混合环境的呈现，开展了符合人类感知生理、心理的信息合成方法研究，增强虚拟型混合环境的逼真表现研究以及增强虚拟混合环境的一致性表现和相互物理作用研究；浙江大学和四川大学联合开展了复杂表面投影显示技术与装置的研究、虚实混合显示的高精度定位与配准装置、新型虚实混合环境的显示与相互作用机制等研究工作；大连海事大学与北京航空航天大学虚拟现实技术与系统国家重点实验室合作进行了虚实混合环境的驱动引擎技术研究。这些单位的研究各具特色，大量研究成果在国际重要会议及期刊上发表，一些成型系统在相关领域已经得到实际应用。

四、国内外进展比较研究

当前，在可视媒体技术、计算机图形学以及计算机图像处理等领域，国内外的科学研究处于一种大合作的趋势，国内很多学者与国外著名大学或研究机构的学者开展了密切的合作研究，产生了丰富的具有世界领先水平的研究成果，越来越多的国内学者在国际顶尖的会议或期刊上，如计算机图形学顶级会议（Siggraph）、顶级期刊（*IEEE Transactions on Visualization and Computer Graphics*）、计算机视觉领域顶级会议（ICCV、CVPR）等，发表学术论文。国内学者正逐步赶上国外学者的研究水平，在部分领域已经开始引领最新的研究趋势。

但是，在技术与产业的结合上，尤其是可视媒体技术与文化创意产业的结合上国内目前还存在较多问题。目前，国内研究工作主要瞄准国家重大战略需求、重点领域科技攻关，而文化创意产业的发展还未全面展开。以可视媒体内容的处理、分析与检索、光场数据获取与绘制、物体外观反射属性获取与建模、保持细节的几何变形等关键技术为例，清华大学、北京航空航天大学、浙江大学、中国科学院等研究机构已经开展了相关研究工作并在国际著名会议或期刊上发表了很多优秀论文展示研究成果，但是却很少见到国内研究成果在影视制作、动漫创作等文化创意产业中的应用。相对而言，在许多美国电影中都能见到美国大学或研究机构的最新研究成果。可视媒体技术、计算机图形学、计算机图像处理技术极大地促进了美国电影的发展，例如，美国南加州大学创新技术实验室（ICT）的很多研究成果均应用到了影视制作领域，其中 LightStage 项目应用到了《蜘蛛侠》、《超人归来》、《阿凡达》和《本杰明·巴顿奇事》等美国电影中（如图 22 所示），并帮助影片制作方获得了最佳视觉效果奖。

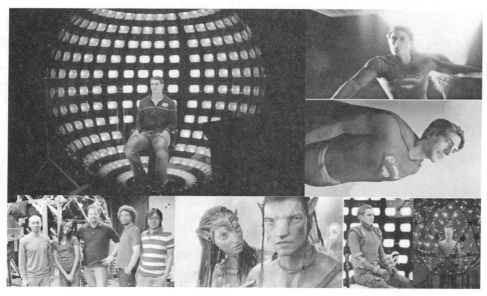

图 22　美国南加州大学 ICT 实验室研究成果在影视制作的应用

五、图学发展趋势及展望

（一）图学媒体内容的处理、检索与合成技术的发展趋势及展望

（1）研究可视媒体应用中多样化的需求、媒体数据的大规模性以及可视媒体对象的复

杂性等挑战问题；针对复杂大规模的媒体对象，通过引入人类视觉认知，构建符合人类感知的媒体对象表示、理解及处理框架。

（2）开展网络环境可视媒体大数据智能处理方法，基于云计算、视觉感知高效计算等技术提高网络可视媒体的理解及处理能力；研究符合人类感知的可视媒体交互与呈现技术以及多种类可视媒体海量数据的智能处理与数据挖掘技术。

（二）三维高效逼真建模技术的发展趋势及展望

（1）雨雪雷电、云雾风沙、水流海浪、地震海啸、火山喷发，以及四季变化、万物生长、日月轮回等自然现象的真实感建模与绘制。

（2）目前，互联网上存在大量的图像资源，研究基于互联网图像集，包括三维几何建模、物体外观反射属性建模、建筑建模、大规模城市场景建模、流体及柔性物体建模等在内的高效逼真建模技术。

（三）虚实融合场景生成与交互技术的发展趋势及展望

（1）符合人类感知的生理及心理特征的虚实无缝融合技术，以及面向虚实融合环境的高逼真度、便携的显示装置研究。

（2）引入力触觉反馈等多通道多感知的交互技术，并研究视觉、力触觉及其他通道之间的一致性配准技术、增强虚实融合环境的交互真实感。

参 考 文 献

［1］ Tao Chen, Ming-Ming Cheng, Ping Tan, Ariel Shamir, Shi-Min Hu. Sketch2Photo: Internet Image Montage［J］. ACM Transactions on Graphics, 2009, 28（5）: 124:1-10.

［2］ Tao Chen, Ping Tan, Li-Qian Ma, Ming-Ming Cheng, Ariel Shamir, Shi-Min Hu. PoseShop: A Human Image Database and Personalized Content Synthesis［J］. IEEE Transactions on Visualization and Computer Graphics, 2013, 19（5）: 824-837.

［3］ Liang Liu, Yunhong Wang, Tieniu Tan. Online Appearance Model Learning for Video-based Face Recognition［A］. Proceeding of IEEE Conference on Computer Vision and Pattern Recognition［C］. 2007: 17-22.

［4］ Fei Hou, Yue Qi, Xukun Shen, Shen Yang, Qinping Zhao. Automatic Registration of Multiple Range Images Based on Cycle Space［J］. Visual Computer, 2009, 25（5）: 657-665.

［5］ Yang Shen, Qi Yue, Qin Hong. Simultaneous Structure and Geometry Detail Completion Based on Interactive User Sketches［J］. Science in China Series F: Information Sciences, 2012, 55（5）: 1123-1137.

［6］ Jianxiong Xiao, Tian Fang, Peng Zhao, Maxime Lhuillier, Long Quan. Image-based Street-side City Modeling［J］. ACM Transactions on Graphics, 2009, 28（5）: 114:1-12.

［7］ Yangyan Li, Qian Zheng, Andrei Sharf, Daniel Cohen-Or, Baoquan Chen, Niloy J. Mitra. 2D-3D Fusion for Layer Decomposition of Urban Facades［A］. Proceeding of Internal Conference on Computer Vision［C］. 2011:

882–889.

［8］ Fei Hou, Yue Qi, Hong Qin. Drawing–based Procedural Modeling of Chinese Architectures［J］. IEEE Transactions on Visualization and Computer Graphics, 2012, 18（1）: 30–42.

［9］ Lu Chen, Jin Huang, Hanqiu Sun, Hujun Bao. Technical Section: Cage–based Deformation Transfer［J］. Computers & Graphics, 2010, 34（2）: 107–118.

［10］ Jin Huang, Yiying Tong, Kun Zhou, Hujun Bao, Desbrun, M. Interactive. Shape Interpolation Through Controllable Dynamic Deformation［J］. IEEE Transactions on Visualization and Computer Graphics, 2011, 17（7）: 983–992.

［11］ Ling Zhao, Xukun Shen, Xiang Long. Robust Wrinkle–Aware Non–rigid Registration for Triangle Meshes of Hand with Rich and Dynamic Details［J］. Computers & Graphics, 2012, 36（5）: 577–583.

［12］ Hu Yong, Qi Yue, Shen Fangyang. Modeling Spatially–Varying Reflectance Based on Kernel Nystrom［A］. Proceedings of the17th ACM Symposium on Virtual Reality Software and Technology（VRST2010）［C］, 2010: 91–92.

［13］ Moshe Ben–Ezra, Jiaping Wang, Bennett Wilburn, Xiaoyang Li, Le Ma. A LED–only BRDF Measurement Device［A］. Proceeding of the IEEE Conference on Computer Vision and Pattern Recognition［C］. 2008:1–8.

［14］ Peiran Ren, Jiaping Wang, John Snyder, Xin Tong, Baining Guo. Pocket Reflectometry［J］. ACM Transactions on Graphics, 2011, 30（4）: 1–10.

［15］ Fengquan Zhang, Xukun Shen, Xiang Long, Bin Zhao, Lei Hu. Real–time Particle Fluid Simulation with WCSPH［A］. Proceeding of the International Conference Pacific Graphic［C］, 2012:29–34.

［16］ Yue Liu, Yongtian Wang, Yu Li, Jinchao Lei, Liang Lin. Key Issues for AR–based Digital Reconstruction of Yuanmingyuan Garden［J］. Presence: Teleoperators and Virtual Environments, 2006, 15（3）:336–340.

［17］ Zilong Dong, Guofeng Zhang, JiayaJia, Hujun Bao. Keyframe–based Real–time Camera Tracking［A］. Proceeding of the IEEE International Conference on Computer Vision［C］, 2009: 1538–1545.

［18］ Guofeng Zhang, Jiaya Jia, Tien–Tsin Wong Hujun Bao. Consistent Depth Maps Recovery from A Video Sequence［J］. IEEE Transactions on Pattern Analysis and Machine Intelligence（TPAMI）, 2009, 31（6）: 974–988.

［19］ Guofeng Zhang, Zilong Dong, Jiaya Jia, Liang Wan, Tien–Tsin Wong, Hujun Bao. Refilming with Depth–Inferred Videos［J］. IEEE Transactions on Visualization and Computer Graphics, 2009, 15（5）: 828–840.

［20］ UC Berkeley and USC ICT. LightStage［EB/OL］. http://gl.ict.usc.edu/LightStages/, 2008–01–01/2013–09–26.

［21］ 赵沁平. 自然现象的数据获取与模拟［J］. 中国科学: 信息科学, 2011, 41（4）: 385–420.

撰稿人: 沈旭昆　胡　勇

立体线图理解的研究进展

一、引言

平面图是记录或表现三维空间物体（场景）的重要媒介之一，如工程图样、摄影图片、电视图像等。

图学理论是图学的基础，其研究内容包括形构建理论、将形变成图理论、图处理理论、由图构造形理论等。形构建研究如何将形转化为便于计算机处理的数学模型问题。将形变成图研究如何将形变换为平面图的原理和方法。图处理研究图的变换和基本图元素组织的问题。由图构造形研究如何从图构造出其所表示的形的原理和方法。

图学理论涉及的具体研究问题有：①二维图和三维形的表示；②投影理论；③计算几何；④几何变换；⑤曲线曲面；⑥特征提取；⑦运动几何；⑧图匹配；⑨极几何；⑩摄像机标定；⑪体视；⑫形态图；⑬分形；⑭曲面展开；⑮图识别；⑯图理解；⑰基于图的绘制；⑱逆向工程等。

有些图和其所表示的形的维数是一致的，也有些图和其所表示的形的维数并不相同，图的维数是二维，形的维数一般为二维或二维以上。

若图和所表示的形维数一致，则比较容易建立图与形的对应关系，容易由图构造出形。

若图的维数小于所表示的形维数，则建立图与形的对应关系就比较困难，由图构造形就存在多解、歧义等问题，富有更多挑战性的研究问题。

人们生活在三维世界中，三维场景投影（projection）在人视网膜上是二维图，图理解是从二维图中提取出有关的三维世界信息。这"有关的三维世界信息"主要指平面图所反映的场景中三维实体结构形状和空间位置的定性定量信息。

立体线图是人与人以及人与计算机之间实现三维实体信息交换的一种重要媒介。图学理论的基础之一是画法几何学，画法几何学以投影理论为基础，通过投影将三维实体转换成平面图。画法几何学研究内容之一是如何用平面图描述三维实体，已有相对成熟的理论和方法；其另一个研究内容是如何理解平面图。计算机理解立体线图的机理和方法研究是图学理论的一个重要研究问题。

本专题选择计算机理解立体线图，是因为它是图学理论研究中的一个新问题，是最近几年国内外的研究重点和热点，在理论、方法和技术上取得了比较大的进展。它的研究涉及二维图和三维形的表示，在构造性的投影理论基础上建立可计算的投影理论等。

从立体线图理解三维空间中的实体，对于高度进化的人类视觉而言，是一件比较容易的事情，但是，要用计算机来模拟这一过程，却是一项极其困难的工作。如图1所示立体线图，人们很容易把它理解为是一个三棱台的投影，但在严格的意义上，该立体线图并不是一个三棱台的正确投影图。图2左图所示立体线图含有一些多余线段，右图既含有多余线段又有遗漏线段，都是不完整的立体线图。人们很容易区分图中哪些线段是多余的，遗漏了哪些线段，不影响对其理解，但让计算机做这些就很困难。

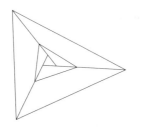 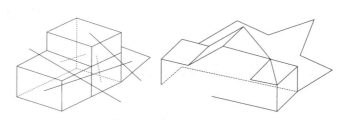

图1　不可能的三棱台立体线图　　　　图2　不完整的立体线图

二、计算机理解立体线图

在立体线图中规定：三维实体上可见的线段用实线表示；不可见线段用虚线表示。立体线图主要有多面正投影图、轴测图、透视图、仿射图、射影图和非线性投影图等。

仅画出三维实体上可见棱线和轮廓线投影的立体线图，称为自然立体线图；画出物体上所有棱线和轮廓线投影的立体线图，称为画隐立体线图。既没有多余也没有缺少棱线和轮廓线投影的立体线图，称之为完整立体线图；有多余或缺少或既有多余也有缺少棱线和轮廓线投影的立体线图，称之为不完整立体线图。

从草图（sketch）或图像（image）恢复三维实体结构形状信息的主要方法之一是先从草图或图像中抽取出三维实体的立体线图，再根据立体线图来理解三维实体的信息，人们非常容易理解三维实体的立体线图，但使计算机能理解三维实体的立体线图并不容易。

从草图或图像恢复三维实体结构形状信息主要分为6个阶段：

（1）将草图或图像转换为立体线图。

（2）对立体线图进行标记（label），得到立体线图的拓扑结构。

（3）从立体线图识别三维实体上的面，得到立体线图对应的三维实体的拓扑结构。

（4）依据一定的知识，判别立体线图中哪些直线对应的空间直线是平行或垂直、线图中哪些区域对应的空间平面是平行或垂直等。

（5）恢复三维实体的结构形状信息。

（6）对恢复的三维实体结构形状信息进行美化（beautification）。

由于各种各样原因，如设计者画的草图可能不准确或有错误，从图像中一般不能准确抽取立体线图（噪声、光照、纹理等影响），输入计算机的草图或从图像抽取的立体线图一般是杂乱无序的，经常存在少线、多线的现象，因此需要对立体线图进行分析和处理，删去多余的线、补上缺少的线、整理位置不正确的线等，使之尽可能是三维实体的真实投影图。

对立体线图进行标记和从立体线图识别三维实体的面属于计算机对立体线图理解的定性分析。

判别立体线图对应的三维实体上线、面的平行或垂直关系、恢复三维实体的结构形状信息及对三维实体结构形状信息进行美化属于对立体线图理解的定量分析。

三、立体线图最新研究进展

近5年，南京大学、西北工业大学、香港大学、中国科学院软件研究所、清华大学、江苏大学、浙江大学等在计算机理解立体线图方面都作出了突出工作和贡献。南京大学、西北工业大学、中国科学院软件研究所、清华大学、浙江大学等侧重于草图的识别研究，西北工业大学、香港大学、南京大学、江苏大学等侧重于从立体线图理解三维实体的结构形状信息研究，西北工业大学、香港大学等还侧重于立体线图的标记、面识别和不完整立体线图的完整研究。

（一）草图转换为立体线图

将草图转换为立体线图是图学理论的主要研究问题之一。

文献［3-6］将笔画按其输入特征分为：单笔画和多笔画。按其识别过程中是否需要分割，将单笔画分为单一线元和复合线元。按识别结果的不同，将多笔画分为3种。将识别结果为直线段、折线段和二次曲线的多笔画绘制分别称为多笔画直线段、多笔画折线段和多笔画二次曲线。按照绘制草图的方法不同，将单笔画绘制分为简单绘制和一笔重复绘制。按照笔画的速度特征对复合线元进行分割称为基于速度特征的笔画分割，包括常速笔画分割和匀速笔画分割。当采样点个数与笔画采样点累积长度的比值不大于长度阈值，且笔画的平均速度大于一个给定平均速度的阈值时，该笔画为常速笔画，否则为匀速笔画。

首次将折线段引入到线元中，将单一线元分为折线段曲线和二次曲线两类，前者包括直线段和折线段，后者包括椭圆、椭圆弧、圆、圆弧、双曲线和抛物线。

在笔画分割方面，提出3种分割方法，包括基于几何特征的笔画分割方法、基于速度特征的笔画分割方法和基于混合特征的笔画分割方法。

在基于几何特征的笔画分割中将笔画分为凸笔画和凹笔画。依选取的几何特征不同，将凸笔画几何特征提取分为基于折点和基于速度折点的凸笔画几何特征提取两种，并给出了通用的分割算法。凹笔画几何特征提取的目标是将笔画分割成几个凸笔画的组合。

对于常速笔画采用速度平均值和上下偏差的"三线阈值分割法"。对于匀速笔画通过滤波—锐化处理方法将其转化为常速笔画，从而可以按常速笔画的速度特征提取方法得到速度特征点，通过找到转换前后采样点的对应关系得到匀速笔画的速度特征点段，以点段形式表示匀速笔画的速度特征。

将速度特征和几何特征相结合，通过进行某种映射处理得到混合特征。基于混合特征的笔画分割包括前期分割和后期分割，前期分割由两次特征映射构成，后期分割按笔画的凸凹性对其进行分类和处理。基于"分割—识别—再分割"的笔画识别原则进行线元合并，使笔画被分割为跨度最大的几个子段的组合。速度特征提取方法精确度更高；在3种笔画分割方法中，基于混合特征的笔画分割方法有效弥补了其他两种分割方法的不足，分割正确率更高。

按照识别的先后顺序，对笔画单一线元分别进行折线段曲线和二次曲线的自适应阈值识别。在折线段曲线识别中，提出了直线段和折线段的定义，直线段、折线段和折线段曲线的判定方法以及折线段的拟合方法。在二次曲线识别中，采用二次曲线拟合误差对二次曲线进行判定；提出了二次曲线具体类型的判定方法和非封闭二次曲线端点的确定方法。提出了二次曲线各参数特征的提取方法及针对圆（弧）和抛物线的系数向量修正方法。

针对基于阈值的单一线元识别方法的不足，提出基于模糊理论的单一线元识别方法，除简单绘制的单一线元外，增加了重复绘制的直线段和封闭二次曲线。构造了笔画模糊识别的通用隶属函数，给出一种更加通用的直线段定义方法。

在二次曲线的模糊识别中提出了一些特征检测方法，包括封闭性检测、拟合误差检测和曲线类型检测。分别讨论了几何特征和混合特征情况下的折线段、二次曲线的识别方法及二次曲线具体类型的模糊判定方法。通过直线段、折线段和二次曲线的模糊隶属函数给出了笔画的模糊识别与人机交互判定的方法。由笔画重心确定拟合直线段、折线段首尾点。

将多笔画绘制分为多笔画重复绘制和多笔画非重复绘制两种情况，通过多笔画预处理对前者进行识别。对后者进行分类，将其分为直线段的多笔画识别、折线段的多笔画识别和二次曲线的多笔画识别。定义了逆序笔画、广义笔画、线型数、起始线型和线型转折点等概念。

在直线段的多笔画识别中，基于两条直线段的最短端点距离、最短垂直距离和夹角的定义，通过两条笔画的拟合直线段之间的关系判断其是否为多笔画绘制，利用拟合直线段特征对多笔画直线段进行拟合。基于带线型直线段的完整定义，提出多笔画拟合直线段的确定方法。

将折线段自身的重复绘制分为一笔重复绘制的折线段和折线段自身的部分顺延绘制两种情况，将折线段的多笔画绘制分为折线段与直线段的多笔画绘制和折线段与折线段的多笔画绘制两种情况。

将二次曲线的多笔画识别分为封闭二次曲线和非封闭二次曲线的多笔画识别。根据多笔画拟合结果必为封闭二次曲线的特性，采用最小中值二乘的封闭二次曲线拟合方法得到多笔画拟合二次曲线。针对非封闭二次曲线的特征，基于广义笔画的旋转角和首尾点的定义；从多笔画判定、草图生成和广义笔画旋转角和首尾点的确定三个方面识别非封闭二次曲线的多笔画。

通过变系数容差带进行端点融合，按聚类点类型将节点分为三类，规定了各类节点的确定原则。据此可以确定草图中待融合的点，提出了棱线和转向轮廓线的端点融合算法。综合端点融合、立体线图完整及三维实体恢复等技术实现了三面顶点三维实体画隐立体线图的端点融合。

文献［7］提出一种通过捕捉设计意图修正贝叶斯推理结果的草图识别技术。分析了绘制过程中笔触的速率、压力等变化规律与设计意图的关系，建立了草图绘制规律与设计意图关系模型，实现了实时设计意图捕捉；通过二维草图识别的贝叶斯网络，根据绘制几何特征分配了条件概率表；利用捕捉的设计意图修正各个约束特征节点的条件概率，使贝叶斯网络能够推理出符合设计意图的几何元素及约束关系；引入评价反馈机制增强识别的自适应性和准确性。

提出一种将几何特征和隐马尔可夫模型 HMM（Hidden Markov Mode1）结合的笔画图元分解方法。采用 4 种关键几何特征来描述笔画的局部几何信息，通过 HMM 结构对绘制上下文的建模来描述笔画的全局几何特性，利用全局搜索与最佳匹配同时完成分割点的查找与图元类型的判定，可以对由任意方向直线和弧线所构成的笔画实现图元分解。

（二）立体线图的标记

将立体线图中正确节点和线段形式分类和赋予某种符号称为立体线图的标记。立体线图标记法作为一种行之有效的辅助手段被用于理解三维实体立体线图中。

文献［1，9］分析、归纳了"流形"平面立体投影立体线图中 24 个合法节点形式，如图 3 所示。提出了符合人画图习惯的平面立体完整画隐立体线图标记规则和方法，完全解决了 Sugihara 立体线图标记技术存在的 3 个问题，全面分析了平面立体上孔的投影情况，解决了相应的立体线图标记问题。

利用提出的 24 个新的合法节点形式对平面立体完整画隐立体线图进行标记，能够判断其是否可能为"流形"平面立体的投影。尽管通过对平面立体完整画隐立体线图进行标记仍无法确定该立体线图是否对应某个"流形"平面立体，但能使可选的数量非常少。

根据平面立体完整画隐立体线图的 24 种合法节点形式，举出平面立体不完整画隐立体线图中 36 种 L 型节点和 8 种"一"字型节点与 24 种合法 W 型和 Y 型节点的对应关系。提出了平面立体不完整画隐立体线图补线和标记方法。

详细分析了三面顶点曲面立体完整画隐立体线图中节点的形式并对其进行了分类。在三面顶点曲面立体完整画隐立体线图中，可能有 7 种节点类型：W 型、Y 型、A 型、S 型、

V型、I型和X型节点。合法的节点形式共有69种，其中合法的Y型节点有8种，合法的W型节点有16种，如图3所示。合法的S型节点有11种，合法的V型节点有34种，如图4所示[1]。利用提出的69个合法节点形式对画隐立体线图进行标记，能够判断其是否可能为"流形"曲面立体的投影。

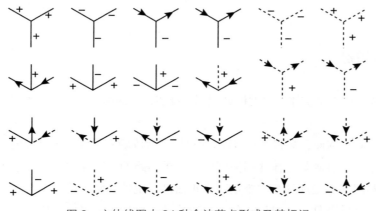

图3 立体线图中24种合法节点形式及其标记

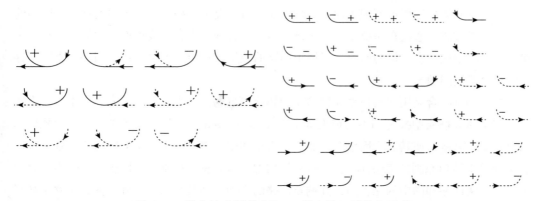

图4 11种合法S型节点和34种合法V型节点形式

在不完整画隐立体线图中，遗漏了一些线段和节点。曲面立体不完整画隐立体线图中的L型节点是W型、Y型或A型节点的退化；"一"字型节点是W型、Y型、A型、S型或V型节点的退化；有两种V型节点是A型或S型节点的退化。提出了曲面立体不完整画隐立体线图标记和补线方法。

在多线画隐立体线图中，除了有W型、Y型、A型、S型、V型、X型和I型等7种节点外，还有L型、T型、PEAK型、K型、Ψ型、MULTI型、Ч型等异型节点，多线画隐立体线图中的多余线段和多余节点与这些异型节点有关。基于曲面立体完整画隐立体线图的标记理论和方法，提出了曲面立体多线画隐立体线图的删线和标记方法。

对既有遗漏线段也有多余线段"流形"平面立体一般不完整画隐立体线图的标记、补线和删线问题进行了探讨。给出了对悬线、孤线、L型节点和伪3线节点的处理方法。提出了平面立体一般不完整画隐立体线图的删线、标记和补线方法。

补线和删线算法要求不完整线图中遗漏的线段或多余的线段和节点应是少量的。若不完整立体线图中遗漏或多余的信息太多，则不完整立体线图已不能反映与其对应的完整立体线图的本来面目，或者说该不完整立体线图已不能反映它所表示的三维实体形状信息。

（三）面识别

从立体线图或三维实体的线框模型识别三维实体上的面是计算机理解三维实体的关键问题之一。

从立体线图识别面，文献［1］列举和提出了从画隐立体线图识别面的一系列基本定理和推论。给出了从画隐立体线图搜索所有简单回路的递归算法，在搜索画隐立体线图的回路时，利用基本定理和相关推论对真正面进行定性判断，提出了若干条利于回路搜索时判定真正面的条件，并对回路集合进行修枝，提出了从平面立体画隐立体线图识别面的算法。

从三维实体的线框模型识别面，文献［10，11］提出一种在简单图中搜索最小回路的启发式搜索方法。通过在简单图中搜索最小回路，实现三维实体线框模型中最小回路的查找。一幅图中往往有巨量的回路，但最小回路的数量却有限，解决了传统回路搜索法中存在的组合爆炸问题。

提出一种综合利用线框模型几何信息和拓扑信息的面识别算法。首先利用平行投影法将三维实体线框模型投影到不出现视觉事件（visual event）的某一投影平面上，隐藏被遮挡边和悬边悬链，使其成为简单图；然后在简单图中，根据各个顶点的关联边序列，按照顺时针最小转角原则搜索最小回路；最后根据 Moebius 规则和流形的性质，删除不是表面投影的非法回路和图中的完备边，并调整回路的方向，使其均指向体外。据此建立了从平面立体的线框模型识别其上面的算法。

含孔洞平面立体的特点是其投影图存在回路嵌套问题，依据识别嵌套回路中表示面的内外回路和由回路围孔洞的判别规则，提出了从含孔洞平面立体的线框模型识别面的完整算法，解决了从平面立体的线框模型获得其表面模型的问题。

针对含曲线棱线边的线框模型，定义了关联两曲线间的夹角和由3条关联曲线确定二次曲面，提出了先搜索含曲线边的表面，再搜索只含直线边的表面的直曲分治方法。

利用二次有理 Bézier 表示曲线棱线，其控制多边形的两条边恰好是曲线两端点处切线的特点，提高空间任意位置二次曲面的识别效率。根据围成二次曲面的三条边界，完善了确定二次曲面的9点法。利用曲面回路搜索的最小转角法，辅以矢量混合积验证搜索曲面上最小回路，实现了从线框模型中选择任意一条曲线就可以搜索到包含它的所有潜在表面回路，突破了以往回路搜索方法中只能从某方向极值点开始的束缚。

（四）计算机理解立体线图的定量方法

判别线图中线、面的平行或垂直等关系以及恢复三维实体的结构形状信息属于计算机理解立体线图的定量分析。

文献［1］根据直线的表示原则，提出了在透视投影和正轴测投影下基于立体线图的三维直线新表示方法，该表示法以二维直线用法线式表示为基础，用两个垂直相交的平面来表示空间直线。对透视投影，一个平面包含投影中心和空间直线的投影，另一个平面与第一个平面垂直相交于空间直线；对正轴测投影，一个平面包含空间直线的投影并且与投影方向平行，另一个平面与第一个平面垂直相交于空间直线。给出并证明了正轴测投影和透视投影下点与平面、点与直线、直线与直线、直线与平面和平面与平面之间的一些基本约束。

完整定义了立体线图平面结构和空间结构的概念。

根据基于不同二维基元从立体线图恢复三维实体结构，将计算机理解立体线图研究的问题分为 5 个子问题。

证明了在正轴测投影或透视投影下，基于直线的画隐立体线图的自由度至少为 4 的结论。

提出了分别基于点线关系、基于线线关系和基于线面关系理解三维实体画隐立体线图的各种方法。采用基于点线关系或基于线线关系理解画隐立体线图获得的是三维实体的线框模型，若在画隐立体线图的平面结构中给出面集合和点（或线）面从属关系，则从画隐立体线图可恢复三维实体的表面模型。采用基于线面关系理解画隐立体线图获得的是三维物体的表面模型。这些基于不同二维基元的线图理解方法，均可以有效地解释正确的透视投影或正轴测投影线图。

分别提出了基于点面关系、基于点线关系、基于线线关系和基于线面关系理解平面立体画隐立体线图的迭代方法。采用基于点线关系或基于线线关系的立体线图理解迭代方法能对有误差的画隐立体线图进行一定的修正，能从有误差画隐立体线图恢复较合理的平面立体结构；而采用基于点面关系或基于线面关系的立体线图理解迭代方法能对画隐立体线图中有误差的节点和线段进行较好的校正，可以从有误差画隐立体线图恢复合理的平面立体三维结构。与采用基于点线关系或基于线线关系立体线图理解的迭代方法相比，采用基于点面关系或基于线面关系的立体线图理解迭代方法能获得更好的平面立体结构恢复效果以及对立体线图误差的校正效果。

与基于点面关系立体线图理解的迭代方法相比，采用基于线面关系的立体线图理解迭代方法能对有误差的画隐立体线图进行更好的修正，能校正输入立体线图中直线段不相交的情况，因此采用基于线面关系的立体线图理解迭代方法能适用于更广泛的有误差立体线图，能适用于无法采用基于点面关系方法理解的立体线图，特别是更适用于从图像提取获得的立体线图。

文献［12，13］以仿射不变性和透视不变性理论为基础，定义了描述多边形形状的拓扑特征和几何特征，基于这些特征定义了轴测投影和透视投影下类似形的概念，依据两个平面多边形为类似形的识别原理，提出了一种以面作为匹配基元从单幅轴测图和透视图识别平面立体的方法。识别方法对类似形应用拓扑结构进行定性分析，对噪音不敏感，同时结合几何特征进行定量分析，能反映平面立体形状的细微差别。

定义了一种具有仿射不变性的局部不变量，建立了一种归一化的相似性度量函数，构造了丢失特征向量判别函数，据此可以判断目标的各个局部是否被遮挡。仅利用未遮挡部分的局部特征计算待识别目标和模型的整体相似度。比较相似度与给定的阈值，可以从单幅线图识别部分遮挡的平面多边形状物体，解决了现有识别方法只适用于刚体变换和相似变换的问题。相似性函数和丢失特征判别函数综合考虑了噪声和遮挡带来的影响，识别算法对遮挡和噪声都不敏感。

定义了仿射变换下二维曲线 NRLCIT 码。利用 NRLCIT 码初步匹配目标和模型轮廓上的关键特征点，解决了穷尽搜索法寻求特征点对应的高费率和低效率问题。以 Frobenius 范数为基准，基于特征点对应估计出最佳仿射变换矩阵，设计了算法匹配目标和模型轮廓曲线上的每子段曲线，解决了用特征点表示曲线的不确定性问题。通过对每子段曲线的识别实现对整条曲线的识别。

一种稳定的 Hausdorff 距离（简称 RHD）被用于测量目标和模型特征点集的匹配程度、估计仿射变换矩阵。RHD 综合考虑了出格点和遮挡的影响，能够胜任有遮挡和噪声的曲线匹配。在估计仿射变换矩阵时，采取了同类点匹配的原则，大大减少了搜索空间，提高了估计仿射变换矩阵的效率。解决了仿射变换下部分遮挡平面曲线的匹配问题。算法还建立了模型与待识别目标特征间的一一对应关系，解决了基于 Hausdorff 距离匹配不能处理特征之间对应关系的问题。

详细分析了 T 型节点与遮挡的关系，基于标记技术补全 T 型节点附近物体拓扑结构的规则，提出了分割立体线图方法。

用属性关系图（ARG）表示平面立体和立体线图，ARG 中结点对应立体和立体线图中的面，结点属性为与该面对应的几何特征和拓扑特征。在匹配待识别立体线图与模型之前，先用拓扑信息进行候选模型的筛选，大大提高了识别效率，实现了仿射变换下从立体线图识别部分遮挡平面立体。结合几何特征和拓扑特征表示 ARG 中的每个结点，不仅能识别不同形状的目标，而且能把拓扑结构相同，但各部分大小、比例不相同的目标区分开。

特征点（角点、拐点、切点）只反映轮廓曲线的部分信息，为更精确地描述曲线，发现弦高点是一种具有仿射不变性特征点，基于该特征点构造了一种曲线局部描述符，并将其用于曲线匹配。弦高点比现有的特征点能更精确描述曲线的特性，能解决轮廓曲线平滑特征点少而不能被精确描述的问题。

由于计算的误差影响，从立体线图恢复的三维实体线框图模型仍然存在缺陷，如：

（1）三维实体中应该平行的平面或直线未平行；

（2）三维实体中应该垂直的平面或者直线不垂直；

（3）三维实体上共平面的点实际上不共面；

（4）三维实体的几何结构中对称的部分不完全对称；

（5）三维实体的几何结构不符合力学性能、材料性能的要求，如壁厚不均匀，即面的距离不合适等；

（6）三维实体中孔的位置不正确；

（7）三维实体中两个表面之间的夹角不符合要求。三维物体均有几何结构方面的缺陷，或者对实际使用来说"不美观"。

直线的平行、垂直、定夹角约束关系可以用来美化有误差三维实体线框模型。在美化三维实体时，利用的关系顺序最佳为：平行→垂直→定夹角→平行→……→平行→垂直→定夹角→相交。

建立了三维实体的表面模型，就可以利用表面的平行性、垂直性、定夹角等约束对三维实体进行美化。基于平面约束关系，实现了对三维实体的美化。在美化三维实体时，利用的关系顺序最佳为：平行→垂直→定夹角→平行→……→平行→垂直→定夹角。

文献［14］提出一种从单幅草图生成平面立体的方法。以简图为主要绘制方式，支持用户快速表达模型的结构信息，根据平面立体的构造特点，建立平面立体建模过程在二维草图空间和三维模型空间的特征层次体系及其转换规则，利用规则推理解析绘制草图的二维图元及其构成关系并转换为三维模型构造单元及其空间关系，实现了平面立体的生成。为了实现对转换规则集合的管理，使用决策树技术实现对规则的训练和更新，保证了规则集合的可拓展性和鲁棒性。

四、国内外进展比较研究

相关问题在国外也有不同程度的研究进展。

在草图输入和识别方面，国外研制了一些系统，如 Pegasus 系统、Easel 草图系统、SMARTPAPER 系统、3D SKETCH 系统等。对草图识别系统中的关键技术如自适应容差的端点聚类等进行了研究。国内对此工作做的更细，首次将折线段引入到线元中，将单一线元分为折线段曲线和二次曲线两类。提出 3 种笔画分割方法，包括基于几何特征的笔画分割方法、基于速度特征的笔画分割方法和基于混合特征的笔画分割方法。基于混合特征的笔画分割方法有效弥补了其他两种分割方法的不足，分割正确率更高。除简单绘制的单一线元外，增加了重复绘制的直线段和封闭二次曲线。将多笔画绘制分为多笔画重复绘制和多笔画非重复绘制，通过多笔画预处理对前者进行识别。对后者进行分类，将其分为直线段的多笔画识别、折线段的多笔画识别和二次曲线的多笔画识别。通过变系数容差带进行端点融合，按聚类点类型将节点分为三类，规定了各类节点的确定原则，提出了棱线和转向轮廓线的端点融合算法。

在立体线图标记方面，国外，Cooper 把 Malik 的曲面立体标记理论扩展到分段的 C3 曲面和具有相切边的物体，提出了新的节点标记分类。国内提出了能标记符合人们画图习惯的立体线图标记方法。研究了符合人的一般画图习惯的不完整立体线图补线方法。基于一般立体（表面中含有曲面）的立体线图标记技术，从线图中节点和线段的标记出发，分析归纳了不完整立体线图中 L 型和"一"字型节点从完整立体线图 Y、W、S、A、C 等型节点的退化结构，给出了适合于一般立体不完整立体线图的完整技术，不但能够补上立体线图中缺少的线段，而且可以删去立体线图中多余的线段。

在面试别方面，国外的面识别算法适用于一般流形对象，针对画隐立体线图，但将不可见线段画成了实线，人为增加了面识别的困难。国内提出能识别符合人们画图习惯的画隐立体线图中面的算法。综合利用线框模型几何信息和拓扑信息。采用投影方法建立了从平面立体的线框模型识别其上面的算法。依据识别嵌套回路中表示面的内外回路和由回路围孔洞的判别规则，提出了从含孔洞平面立体的线框模型识别面的完整算法。

在立体线图的定量理解方面，求解方法分成线性系统方法、优化方法、梯度空间方法、图元方法、模糊方法等几种。线性系统方法和优化方法是立体线图理解的主要方法。采用的优化方法有共轭梯度法、模拟退火法、下山法和遗传算法等。有些优化方法是同时调整所有顶点坐标，有些优化方法是一次调整一个顶点坐标。优化算法存在问题有：①最优解有可能是局部最优，而不是全局最优；②初始值不易选取；③图像规则权重以及图像中规则是否与空间物体属性对应不能确定；④提取图像规则比较困难。国内对此进行了比较系统的研究，提出基于直线解释立体线图的机理。提出一种利用迭代技术从单幅画出隐藏线的透视投影线图恢复平面立体结构的新算法。算法根据线图中隐含的平面立体棱线与平面之间的从属关系建立棱线与平面参数之间的约束方程和迭代中止的指标函数。算法能修正线图中的误差，使立体线图成为场景中物体的投影图。算法允许立体线图中的直线有较大的位置误差，线段的长度误差不影响立体线图的理解。

五、立体线图发展趋势及展望

在投影过程中，立体线图失去了三维实体的深度信息，从单幅立体线图恢复三维实体的结构形状信息是一个不确定问题，即理论上可以有无限多个三维实体的投影立体线图是相同的。但人类视觉系统总能根据立体线图确定出它所表示的三维实体。即使是对不完整、有误差的立体线图，人类视觉系统也能够确定出它所表示的三维实体，并且能很容易地确定出哪些线段是多余的，遗漏了哪些线段？人类视觉系统为什么能做到这些？是因为在看立体线图时人类利用了很多的先验知识。那么是应用了哪些先验知识？这些先验知识是如何被利用的？利用的先验知识先后顺序是如何组织的？

计算机理解立体线图是一个富有挑战性的研究领域，还有以下问题需要深入研究：

1. 草图识别

草图绘制系统应该达到用户自由绘制的要求，但多数要求输入的笔画就是最小识别单元，不允许用户随意绘制。

分割算法没有将几何信息与非几何信息相结合。不允许笔画的重复绘制（单笔重复绘制和多笔重复绘制）。找出一笔重复绘制的非封闭二次曲线的直接识别方法，可避免后期分割和多笔画判定与识别过程，同时降低由此造成的出错概率。

随着高精度加工设备的问世，产品中流线型设计将逐渐走强，如何将样条曲线加入到单一线元中值得研究。

在多笔画识别中，折线段曲线内部和二次曲线内部的两大类型间的多笔画识别问题，即多笔画判定与识别的相关问题需深入研究。多面顶点实体立体线图节点的融合问题。

确定立体线图中哪些直线是平行或垂直的等，允许立体线图中的线段有误差。对复杂三维实体立体草图中错误位置的点、直线和曲线的校正技术。

2. 立体线图标记、完整和面识别

立体线图标记方法能对线图进行定性解释，存在问题是标记花费时间较多。研究结果只适用于三面顶点物体的立体线图。但一般三维实体上还有一些其他类型的顶点，比如四面顶点、五面顶点等，反映在立体线图上是多线节点，需要研究如何处理这些节点的标记。

在以往立体线图标记研究中，要求输入的立体线图是完整的，即立体线图是三维物体的真实投影，在立体线图中既没有多余的线段和节点，也没有遗漏的线段和节点。但由于噪声、光照、纹理等影响，从图像抽取的线图往往是不完整的，经常会遗漏一些线段和节点，特别是物体上不可见的线段和节点在图像上反映不出来；设计人员绘制复杂物体的投影线图时，也经常会遗漏一些线段或多画出一些线段。需要研究如何有效判别不完整线图中哪些线段和节点是多余的，遗漏了哪些线段和节点。

已有的立体线图标记方法要求立体线图是三维实体的真实投影图，这个要求太严格。若一张立体线图是由人随手勾画出来的，则该立体线图一般不是一个三维实体的真实投影图，因为人们画图时并不一定严格按照投影原理绘制。已有研究结果只适用于三维实体的严格投影立体线图，但从图像抽取得到的立体线图或草图往往不满足这一要求，比如理论上交于一个节点的几条线段在抽取的立体线图上不严格交于一点等，因此需要研究适用于有误差画隐立体线图的标记和完整技术。

对复杂的或不规则的曲面，在立体线图中一般不是仅仅简单地画出其上的棱线和外形线的投影，有时需要画出一些辅助的线段以便于区分曲面，需要研究如何有效识别和区分投影线段和辅助线段。

立体线图中遗漏了节点时，利用标记方法可以补出部分遗漏的节点，但节点位置一般是不正确的，而节点位置的正确与否又严重影响三维重建的结果，需要研究如何有效校正错误位置的节点。

对完整自然立体线图的理解只能获得三维实体可见部分的描述，并且很多情况下只能获得三维实体可见部分中一部分的描述，不能获得三维实体的完整描述，需要通过其他信

息完成三维实体不可见部分的理解，Varley 方法只能恢复拉伸平面立体（extrusion）和特殊规则平面立体（normalon）的不可见部分，不能恢复一般平面立体和更复杂曲面立体的不可见部分。

已有利用对称面、立体线图标记方法完整不完整立体线图，只适用于具有整体对称的三维实体的不完整立体线图。需要研究如何判别并利用三维实体上的部分对称来完整不完整立体线图，如何借助于立体线图标记结果快速识别三维实体上表面的投影区域。

在实际应用中会产生不完整的线框模型，需要研究如何对不完整线框模型进行完整性恢复再构建表面，如何对非流行三维实体进行表面构建。

对具有对称性的线框模型在表面构建过程中，若能充分利用其对称性，将模型进行适当的简化，将会使得无论是回路的搜索规模还是处理时间有大幅的降低。因此需要研究如何判断一个线框模型的对称和对模型的简化以及表面的构建拼补。CAD 系统中，对于曲面的线框表示在素线方向没有棱线，比如只用两个平行的等大小的圆表示一个柱面，需要研究如何针对此类非封闭棱边回路围成的曲面构建。

3. 立体线图的定量理解

综合利用点线面关系能提供更多的约束，但未知量更多，线性系统更庞大，解的误差会更大，如何有效地综合利用点线面关系进行立体线图理解？当立体线图复杂时（如含有 100 多条线段），线性系统将变得很庞大，但每一个线性方程或线性不等式仅含有少量未知数（一般最多 6 个），需要研究如何有效地解决该问题。

采用线性系统基础上的迭代方法从画隐立体线图恢复平面立体三维结构，主要原因是预先不能确定画隐立体线图中哪些节点和线段存在误差。若预先知道画隐立体线图中哪些节点和线段存在误差，则可以采用效果更好的递归方法。需要研究如何预先判别画隐立体线图中存在误差的节点和线段。

从有误差画隐立体线图恢复平面立体的三维结构时，大多数研究没有考虑几何元素之间的一些相对位置关系和度量关系，如棱线之间的平行或垂直、棱线具有定长等，恢复出的平面立体有时不符合人类的视觉感受，因此需考虑其他相对位置关系和度量关系。但若考虑几何元素之间的相对位置关系和度量关系，则线性系统将转化为非线性系统，使问题变得更复杂，需要研究如何有效地解决该问题。

分割立体线图的方法只适合于简单几何体，需要研究如何分割复杂组合的三维实体立体线图。

大多算法只适用于仿射变换，仅能识别或匹配轴测投影图像，对更一般的射影变换，识别和匹配透视投影图像需要研究。

大多方法只适用于平面立体，对计算机理解更复杂的曲面立体以及包含孔洞的三维实体的立体线图需要进行研究。

在优化方法中，需要研究如何建立更好的目标函数，考虑哪些图像规则重要、哪些次要。

参 考 文 献

［1］高满屯，储珺，董黎君. 计算机解释立体线图的方法与实践［M］. 西安：西北工业大学出版社，2009.

［2］高满屯，曲仕茹，李西琴. 计算机视觉研究中的投影理论和方法［M］. 西安：西北工业大学出版社，1998.

［3］王淑侠，高满屯，齐乐华. 基于二次曲线的在线手绘图识别［J］. 西北工业大学学报，2007，25（1）：37-41.

［4］王淑侠，高满屯，齐乐华. 基于模糊理论的在线手绘图识别［J］. 模式识别与人工智能，2008，21（3）：317-325.

［5］王淑侠，高满屯，齐乐华. 在线手绘投影线图的端点融合［J］. 计算机辅助设计与图形学学报，2009，21（1）：81-87.

［6］王淑侠，王关峰，高满屯，余隋怀. 基于时空关系的在线多笔画手绘二次曲线识别［J］. 模式识别与人工智能，2011，24（1）：82-89.

［7］马嵩华，田凌. 捕捉设计意图的二维草图识别技术［J］. 计算机辅助设计与图形学学报，2012，24（10）：1337-1345.

［8］K. Sugihara. Machine Interpretation of Line Drawings［M］. MIT Press，USA，1986.

［9］董黎君. 遗漏节点的不完整线图补线和标记［J］. 工程图学学报，2009，30（2）：63-67.

［10］赵军，高满屯，王三民. 多面体线框模型的表面识别技术［J］. 中国图像图形学报，2011，16（5）：857-864.

［11］赵军，高满屯，王三民. 线框模型中二次曲面的识别［J］. 模式识别与人工智能，2011，24（3）：321-326.

［12］张桂梅，熊逸文，马珂. 基于仿射不变性的轮廓曲线局部描述符［J］. 模式识别与人工智能，2012，25（6）：972-978.

［13］张桂梅，江少波，储珺. 基于弦高点和遗传算法的仿射配准［J］. 自动化学报，2013，39（1）：1-11.

［14］宋沫飞，孙正兴，张尧烨，刘凯，章菲倩. 采用单幅草图的正交多面体模型生成方法［J］. 计算机辅助设计与图形学学报，2012，24（1）：50-59.

［15］Martin Cooper. Line Drawing Interpretation［M］. Springer，2008.

［16］Liangliang Cao，Jianzhuang Liu，Xiaoou Tang. What the Back of the Object Looks Like：3D Reconstruction from Line Drawings without Hidden Lines［J］. IEEE Transactions on Pattern Analysis and Machine Intelligence，2008，30（3）：507-517.

［17］Peter A. C. Varley，Pedro P. Company. A new algorithm for finding faces in wireframes［J］. Computer-Aided Design，2010，42（4）：279-309.

［18］Yong Tsui Lee，Fen Fang. A new hybrid method for 3D object recovery from 2D drawings and its validation against the cubic corner method and the optimisation-based method［J］. Computer-Aided Design，2012，44（11）：1090-1102.

撰稿人：高满屯

图学教育的研究进展

一、引言

教育大都隶属于某种学科，学科与教育的关系是相互依存，相互促进，共同发展，形成一对密不可分的共同体。图学教育与图学学科也是这样的关系。图学教育是图学学科的基础，其基础作用体现在要为图学学科建立完整的教育体系，要在各类人群中广泛而深入地进行图学教育（包括学历与非学历教育），要培养各类图学人才，特别是培养图学的创新人才。

在联合国定义的新的文盲标准中，对不会读图、不会使用计算机的人列为信息时代的新文盲。这就提高了人们对图学教育重要性的认识，并将图学教育放在一个十分重要的位置上。

图学教育的范畴有多大呢？这就要首先了解图学的学科范围有多大。根据本次图学学科研究综合报告中对图学定义的论述："图学是以图为对象，研究将形演绎为图，由图构造形的过程中，关于图的表达、产生、处理与传播的理论、技术与应用的科学"，可以认为，凡是"关于图的表达、产生、处理与传播的理论、技术与应用"都应纳入图学教育的范畴。这个认识跳出了将图学教育局限于"工程图学教育"的认识，大大扩展了图学教育的范围和图学教育的视野。

图学教育的根本任务是要培养图学的研究与应用人才，具体而言可概括为三项目标：

（1）培养基本的图学素质。图学素质是指一种能力，即具备用图学思维的方法，借助于现代图学技术去观察问题，分析问题和解决问题，并能有目的地激发和产生联想、顿悟及灵感的能力。使图学素质成为通识教育和创新教育中一项重要素质。

（2）培养图学的研究人才。通过研究生教育等方式培养从事图学理论和技术方面的研究人才，但这类人才人数不会很多。

（3）培养图学技术的应用人才。通过学历和非学历教育培养从事图形领域或工程领域中有关图的设计、制作、处理和传播等工作的人才，这类人才人数众多，是图学教育培养的主力军。

工程图学教育是图学教育中十分重要的组成部分。工程图学是一门学习工程与产品图形信息表达、图形理解和图样绘制的课程，是面向工程的技术基础课程，是培养工程师的必修课程。工程图学教育涉及广泛的专业，有机械、土木、建筑、水利、电气、航空、园林等，涉及我国大学、高职高专、中专等各级各类学校中数量庞大的工科类和部分非工科类学生，是我国图学教育的基础，因此，报告对工程图学教育给予了很大关注，在报告的后续部分中都有相应的论述。

本报告论述了图学教育的内涵；展示了我国在图学教育方面的最新成就；通过国内外图学教育情况的比较，分析了我国图学教育的特点和不足。报告还展望了我国图学教育发展的方向，提出了相应的对策和建议，为实现"中国梦"，培养更多的图学卓越人才。

二、图学教育的内涵

1. 图学教育的研究内容

应该从以下两个层面进行图学教育的研究：

（1）从"教育"层面研究图学教育。研究内容有：图学教育思想、图学教育理论、图学课程设置、图学的课程内容与体系、图学教学方法、图学教材建设、图学技能与训练等。

（2）从"教学手段"层面研究图学教育。研究内容主要为图学的数字化教学，包括图学数字化教学的理论、方法、技术、教学资源建设、图学数字化课程群的组建等。

2. 图学教育的课程种类

这里指的是学校中的图学课程种类，这些课程可以在不同类型的学校和不同层次的教学中设置，如大学、高职高专、中等技术学校和它们的不同教学阶段。

（1）图学理论类课程。例如有：画法几何、射影几何、多维画法几何、画法微分几何、计算几何、分形几何等。

（2）图学基础类课程。例如有：工程设计图学（包括机械、土木建筑、水利、电力、电气等工科专业）、图学基础（非工科专业）、计算机绘图、阴影透视等。

（3）图形图像类课程。例如有：计算机图形学、计算机图像处理、计算机图形设计等。

（4）计算机辅助设计类课程。例如有：计算机辅助设计技术基础、计算机辅助产品与工程设计（包括机械、土木、建筑、水利等）、CAD 设计工具等。

（5）数字媒体与艺术类课程。例如有：绘画透视、多媒体设计、图案设计、数字与艺术、动画制作等。

（6）工业设计类课程。例如有：设计素描、平面构成、立体构成等。

3. 图学教育中的基础教育

图学基础教育是指目前在我国大学本科、高职高专、中等技术学校中工科类学生学习的工程图学课程以及非工科类学生学习的图学基础课程，在学校中，这类课程被称为技术基础课，涉及工科类几乎所有的学生及非工科类相当大的一部分学生。由于面向数量庞大的学生群体，被称为"量大面广"的课程，在人才培养中影响深远。

图学基础教育的培养目标可以概括为三种能力的培养和三种意识的建立。三种能力是：培养图学思维和空间想象能力；培养图形表达能力和简单构型能力；培养图形的绘制能力。三种意识是：建立工程意识；建立设计构型意识；建立遵守标准和规范的意识。

由上述培养目标看出，图学基础教育的地位如同数理化、外语、计算机一样，共同构成了学校教育的公共基础平台，共同担负着培养学生基本素质的重任，彰显了图学基础教育的重要性。

三、图学教育的最新研究进展

（一）图学教育的研究进展

1. 图学教育思想的研究进展

（1）图学思维

图学课程是要培养学生对图形的表达能力、构图能力和理解能力，这是图学课程有别于其他课程的特点，因此，形象思维问题历来就是图学教育的一个重要的研究问题。早在20世纪50年代就有图学教育工作者进行图学思维的研究，经历了半个多世纪长盛不衰。近年来在图学思维研究上取得了以下新进展：

1）图学思维的定义。图学思维是以形象思维为主，逻辑（抽象）思维为辅，兼有发散思维的一种复合型思维类型。它以图学教学为对象，研究图学教学的思维方式和思维方法，包括人脑对图形信息的输入、存储、加工和输出的整个活动和过程。

2）图学思维的方式。提出了"发散—集中—再发散—再集中"的图学思维方式。

3）图学思维的方法。针对图学教育中的宏观和微观思维过程，给出了具体的思维方法。

4）图学思维的特点。归纳了6个特点，即专业性、综合性、形象性、整体性、创新性和可视性。

5）图学思维的过程模型。提出了一个由感知、存储、输入、加工、输出5个环节组成的图学思维过程模型。

6）图学思维的训练。给出了形象思维、逻辑思维、分散思维如何在图学教学中训练的具体意见。

（2）构型设计

构型（形）是图学教育的重要内容之一。怎样从教育思想的高度认识图学教育中的构型问题一直是一个重要的研究课题。近年来取得了以下进展：

1）构型设计作用与地位的认识。构型设计是指围绕平面构图、立体构形、零件结构、装配结构、图示图解等方面所进行的形状描述和构形方法的教学活动，它是培养图学思维能力和创新能力的优良载体，也是落实图学素质培养的切入点。

2）构型设计的内容与形式。通过对现有图学教材的调查，归纳出 9 种构型设计的形式，提出了一个基于构型设计的工程图学教学体系，给出了 6 种构型设计训练的教学方法。此外，文献［4］总结了空间构形方法的规律，给出了存在不定解时 1 个或 2 个视图的可构性条件，用来指导构型习题的设计与解题。

2. 工程图学课程内容与体系的研究进展

课程改革的灵魂是教学内容和体系的改革。文献［5］将近 10 年来所取得的工程图学课程内容体系改革的成果归纳为四种模式，并给出了案例。

（1）系列课程融合模式

该模式的基本思想是课程整合，即将工程制图、机械原理、机械零件与 CAD 课程整合成机械设计制图课。新课程体系分五个阶段，即制图入门、机械概论、通用零部件设计和常用机构设计、工程设计和创新设计。课程整合前授课为 150 学时，现为 99 学时。该课程改革的特点是：

1）采用学科间横向联系和纵向贯通，重组教学内容。

2）以"设计为主导，能力为目标"组织教学，突出培养工程设计能力和创新能力。

（2）分块协调模式

该模式的基本思想是将机械基础系列课程统一规划，内容重组，分成模块，明确各自定位与分工，根据不同专业在不同的学期中讲授不同的模块，例如有机械工程图学、工程应用软件、图形处理技术等模块。

文献［6］也是采用上述分块模式的思想，形成"图学全程教学体系"，将图学教育的有关内容划分为若干模块，贯穿在大学 4 年本科的全程教学中。

（3）基础平台与综合提高相结合的模式

该模式的基本思想是搭建一种不分专业以培养"图学素质"为目标的公共平台，再根据专业需要，开设专业图学的课程，称为提高部分。公共平台的教学内容由工程制图的经典内容与图形高新技术相结合组成，具体体现为画法几何、工程制图与计算机绘图的结合以及产品设计过程与方法的引入等。公共平台培养的图学素质是指形象思维、图形表达和工程素质。提高部分的教学内容可以根据需要选择，例如有专业制图、计算机图形处理、图像处理、计算机辅助设计等。

（4）以三维建模为主线的模式

该模式的基本思想是将三维建模的原理、方法和技能融入、渗透到工程制图中，形成新的教学体系、教学内容和教学方法。引入的三维内容大致有：画法几何计算机辅助三维求解方法；实体造型的基本原理；实体模型到二维投影图的转换；零件和部件的三维建模。实现了以三维模型表达为主线，以二维投影制图为重点的课程内容安排，同时为加强教学实践，增设了课程设计。

3. 图学教育为社会服务的研究进展

（1）CAD 和 BIM 技能等级培训与考评

为了加快高技能人才队伍建设，根据我国"充分发挥各类社会团体在高新技能人才培养中的作用，针对经济社会发展实际需要，构建政府推动与社会支持相互结合的社会化、开放式的高技能人才培养体系"的精神。中国图学学会本着图学教育服务于社会的宗旨，在全国范围内开展了"CAD 技能等级"和"BIM 技能等级"的培训与考评工作。

CAD 技术是当前网络信息时代的核心技术之一，它推动了产品设计和工程设计的革命，当前急需通过教育培养一大批掌握 CAD 技能的人才。CAD 技能分为三级，一级为二维计算机绘图，二级为三维几何建模，三级为复杂三维模型制作与处理。每一级分为两种类型，即"工业产品类"和"土木与建筑类"。凡考评通过者获以下称号：一级为计算机绘图师；二级为三维数字建模师；三级为高级三维数字建模师。自 1999 年开始，连续进行了 15 年，为社会输送了 53 万余名掌握 CAD 技能的人才，受到了用人单位、学生和学校的一致好评，也受到政府有关部门的多次肯定。

BIM 技能是指建筑信息模型（Building Information Modeling，BIM）的建模技能，分为三级：一级为 BIM 建模师；二级为 BIM 高级建模师；三级为 BIM 应用设计师。自 2012 年开始，已经举办了 3 期培训与考评，共有 1000 余人参加培训和考评，获得了社会广泛赞誉。

在上述培训与考评工作中，中国图学学会始终坚持从社会需求出发，质量第一、社会效益第一的原则，精心组织、规范管理，使得两种技能等级的培训和考评工作取得了显著成效，也对全国的图学教学水平起到了很大的促进作用。

（2）先进成图技术与产品信息建模大赛

从 2008—2013 年分别在多所大学成功举办了 6 届"高教杯"全国大学生先进成图技术与产品信息建模创新大赛。大赛的目的在于推动高等学校图学课程面向 21 世纪课程体系和内容的改革，推动高等学校实施素质教育，培养学生工程实践能力，提高学生解决实际问题的能力，吸引、鼓励广大大学生踊跃参加课外科技活动。大赛在培养和提高学生工程素质方面，起到了积极引导、促进创新和推进改革的作用。该赛事的成果在全国高校人才培养和企业英才需求方面产生了广泛的影响力。

4. 图学课程建设的最新成果

（1）图学精品课程

近年来获得大学本科国家级图学精品课程 43 门，大学本科省级图学精品课程 69 门，高职高专国家级图学精品课程 28 门，高职高专省级图学精品课程 88 门。

浙江大学的工程图学课程成为教育部全国网络培训中心首批 5 门网络课程之一。

（2）优秀图学教学团队

先后有浙江大学、重庆大学、华南理工大学 3 所大学的图学教学团队被评为国家级优秀教学团队。

（3）其他奖励

近年来许多院校获得了国家级或省级的图学教学成果奖，例如浙江大学的"工程图学教学资源库的研发与推广应用"等5个项目获得第六届高等教育国家级教学成果奖。

目前全国图学教师中获得国家级教学名师称号的有3人，还有一批图学教师获得省级教学名师的称号。

近年来图学教材的出版如雨后春笋，十分繁荣，其中相当数量的图学教材是国家"十二五"规划教材，也有相当一批图学教材获得了省级精品教材的称号。

（二）图学教学数字化建设的研究进展

1.网络和多媒体教学系统

在图学的数字化教学建设方面，目前不少高校设计制作完成了集课程网页、教学资料查询系统、多媒体授课系统和教学辅导系统于一体的完整的网络教学资源系统（见图1）；系统涵盖了教学过程中的7大模块，其中多媒体授课系统体现了因材施教、分层次教学的教学思想，而教学辅导系统满足了学生个性化、自主性和探究性学习的需要。

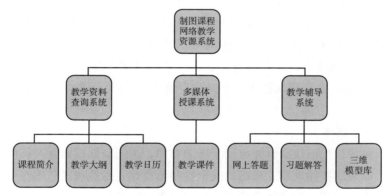

图1　网络教学资源系统结构框图

不少高校学习国际的先进经验，努力打造网络课程开源平台，建立面向网上学习者的网络社区，扩大教育的可获取性，使得世界上任何希望自我提升和学习的人都能获得相应的课程资源。

2.考试系统

图学考试系统具有自动组卷、设定时间、智能评判、统计分数、打印或显示分数，并实现了无纸化考试，学生考试不用占用多间教室，大大减轻教师出卷、阅卷的工作量，同时便于教师统计成绩和分析试卷情况，而且也能考查学生对图学课程的学习情况。

在学生参加考试前教师根据学生所学课程的内容，设置考试系统参数（试题数量、难度系数、考试时间）。学生成功登录考试系统后，系统会根据设置的系统参数随机组卷，并开始计时。学生可以提前交卷，当考试时间到时系统会自动交卷。交卷后系统会自动统计学生成绩，存入数据库，在学生成绩管理系统中可以看到参加过考试学生的成绩。

3. 虚拟实验室

通过多媒体、仿真和虚拟现实等技术在计算机上营造可辅助、部分替代甚至全部替代传统实验各环节的相关软硬件操作环境，实验者可以像在真实的环境中一样完成各种实验项目，所取得的实验效果等价于甚至优于在真实环境中所取得的效果。虚拟实验建立在一个虚拟的实验环境之上，注重的是实验操作的交互性和实验结果的仿真性。

4. 模拟演示与训练系统

（1）教育模拟演示系统

虚拟现实技术能够创造逼真的虚拟演示环境以辅助教学，特别是一些教学枯涩难懂或演示成本高昂的学科，VR 是非常有力的工具。把科学计算可视化与图学教育有机地结合，其沉浸性和交互性为学习者提供了仿真空间，有利于学习者知识的建构。对于一些专业性强的学科，如生物教学中的分子结构、火灾中的三维体数据以及地震科学中数据等，可以将计算过程以动态、立体、形象生动的形式表现出来，自然直观地与虚拟的场景互动，提高理解能力。例如：日光分析场景，雨雪分析场景，风压、风速场景模拟等。

（2）军事模拟训练

最先进的科学技术往往会首先应用于国防方面，由于空间探索和军队战争训练需要高昂的费用，以及这些领域需要极高的安全性与可靠性，虚拟现实技术在这个领域的应用发挥出了巨大的实用价值和商业价值。现代战争是信息化的战争，利用计算机网络进行"网上论兵"，已经成为许多国家军队训练的主要方式。在计算机模拟技术的支持下，将虚拟现实技术引入到部队模拟训练系统中，浏览虚拟三维场景和状态信息，通过虚拟与实体的交互作用，了解和掌握武器装备的操作流程，是当前研究的热点，创新了训练方式。

军事模拟训练系统有 6 个主要特点：①增加了参训人员的安全性；②不受地域、时间、天气等因素的影响；③训练科目可任意选择和编排；④组织简单快捷，训练费用大大减少；⑤可以对训练指标进行量化考评；⑥可以重现战场训练情况。

（3）现代公安、消防模拟训练

情景模拟训练是现代各国竞相采用的先进教学培训模式，为公安消防训练提供了便捷手段。

公安模拟训练系统。结合公安工作实际情况，使用一些场景道具，安排不同角色，模拟设计相应问题情景，以供学员模拟训练的教学模式。情景模拟训练分 3 种：现场勘察模拟训练、调访模拟训练及审讯模拟训练。

消防模拟训练系统。消防模拟训练系统可以进行专题模拟和特殊灾害模拟。具有真实、安全、成本低、效率高、适应性强、易于重复等优点。消防模拟训练系统可以显示建筑物形体，营救计划，尽量减少人员和财产损失。消防模拟训练主要有 4 个系统：火灾疏散模拟系统、心理训练模拟系统、消防队员训练系统和森林火灾模拟系统。

（4）现代航天模拟训练

航天飞行任务模拟训练是航天员在基础训练、职业技能训练之后进行的最重要和最关键的训练。综合模拟训练包括以下 4 个内容：①载人航天器发射上升段综合模拟；②载人航天器入轨后的综合模拟；③载人航天器轨道再入段综合模拟训练；④载人航天器轨道飞行段综合模拟。

综合模拟包括在轨飞行中主要紧急事件应急综合模拟训练、交会对接操作综合模拟、舱外活动综合模拟训练、特定的大系统综合模拟训练、有效载荷试验／载荷部署试验综合模拟及空间站系统的综合模拟训练。

（5）体育运动模拟训练

体育运动模拟训练首先要确定被模拟对象。要确定被模拟的是人还是物，或者是人与物的复合体。要从运动员（或运动队）的 3 个因素考虑：运动员自身竞技能力、对手在比赛中的表现以及竞赛结果的评定。根据需要把被模拟对象分为以下 4 类：①"人"与"物"的干扰因素；②竞赛对手的竞技；③竞赛裁判评定行为；④比赛领先、落后和相持 3 种局面。通过各种竞争情景的模拟训练，培养运动员稳定的心理状态和良好的心理特征。体育运动模拟训练可以进行项目针对性训练。通过接近类似比赛条件的赛前训练，检测运动员训练水平。运动员比赛准备状态的可靠性，要在赛前制定一系列措施来提高可靠性这些措施的基础就是进行有针对性的训练和测验，同时明示或暗示运动员在比赛中可能出现的情况。帮助运动员形成较稳定的心理定向，培养运动员抗干扰能力和心理调节、控制能力。提高运动员心理动员能力（保持适宜的紧张度）和心理稳定性。

（6）其他模拟训练

模拟训练还广泛应用在军事对抗、气象雷达、流体力学分析、动力运动模拟、工程机械操作、地形地貌、建筑施工、医疗救护、海上搜救、地震救援、驾驶模拟训练、教学实景演练等诸多领域。

四、国内外进展比较研究

国外的图学发展历史大家熟知的是从蒙日几何（即画法几何）理论的创立算起，经过 200 多年的发展，特别是近 60 年的发展，形成了一套图学理论与技术。下面通过几个国家在图学教学理念、教学内容、教材建设等方面的介绍，与我国进行比较与分析。

（一）美国的图学教育

美国各大学在课程设置上对图学有不同的处理方式，有些采用独立开课的方式，有些将其整合在计算机辅助设计、设计与制造等课程当中。但不论采用哪种方式，都具有以下特色：

1. 教学内容特色——从三维出发，为产品设计和制造服务

①从三维出发，多种表达方式并重；②强调徒手绘图能力的培养；③项目设计体现研究性；④课程内容强调实用性。

2. 教学方式特色——突出实践性，强调自主学习

美国图学课程的内容非常多，覆盖面非常广，但是教师在课堂上讲解的部分少而精，只占教学内容的很少一部分，大部分内容通过学生自学完成。

3. 教学手段特色——简单实用的多媒体教学

在美国大学，针对不同的教学内容和要求，教师使用不同的教学媒介，常常是计算机、胶片投影仪、黑板、实物模型等综合应用。在 PPT 课件中，通常只有重要内容的提示，不会面面俱到。

4. 教学组织特色——师生充分交流，实行互动式教学

教师只对课程核心的基本内容进行讲解或对具有普遍性的问题进行解释，但课后要求学生看书自学的内容要大大超过课堂上的内容范围。教师也因此有比较充分的时间能够在课堂上就重点问题与学生展开讨论，回答学生问题，师生的交流比较充分。

5. 教材特色——内容丰富，将表达与设计紧密结合

美国大学制图教材的出发点不是单单告诉读者如何把一个形体画出来，而是强调工程图在设计制造过程中起到的信息交流的作用；重点不是放在如何解题上，而是放在工程应用上；不是离散地组织、安排知识点，而是围绕产品设计过程进行组织，注重培养学生的工程应用能力。

（二）英国的图学课程的特点、内容和教学方法

1. 课程体系与教学任务

在英国兰开厦大学制定的课程体系和教学大纲中，图学课程不是作为一门单独的课程开设的，而是与语言课合起来作为一门名称为"Communications"（"交流技术"或"沟通技巧"）的课程开设的，是以达到学生能运用图学这一工具进行有效的技术交流为目的。

2. 教学内容

英国图学教材的内容充分体现了实用性的特点，表现在：在大量削减传统画法几何内容的同时，加强工程实用性内容；加强徒手绘图的能力；对工程实用性很强的展开图深入介绍，并配有一定难度的习题，以提高学生解决工程实际问题的能力；将第一角投影和第三角投影贯穿于整个教学过程中，绝大部分图样都将两种投影图混在一起进行练习，使学生对两种投影体系运用自如，以适应与国际接轨的技术交流的现实需求。

3. 教学方法

英国政府的教育部门在对课程进行教学评估时，十分重视教师所采用的教学方法和手段。要求必须采用的教学方法有：课堂分组讨论，提出某一问题，由学生自己收集资料找答案，并写出"Paper"；必须经常给学生印发一些有关该课程最新动态的"Handout"（讲义），以引导学生主动学习等。使学生摆脱对教师的依赖，由被动学习变为探索式的主动式学习，以培养学生敏锐的思维能力、大胆的创新能力及良好的审美能力。

（三）日本的图学教育

日本各所高校的制图教学相差较大，以日本东京大学的情况为例简介如下：

1. 东京大学"图学文化教育"的思想（Graphics Literacy Education）

①图学在大学低年级中的作用：艺术（Art）素质课程；设计/绘图的基础课程。②传统画法几何教育是基于手工作图的，但 3D–CAD/CG 的广泛应用已进入图学领域，商用软件的应用已变得日益重要。③ 3D–CAD/CG 的应用已延伸到各个领域，不仅仅设计专家应该使用，学生也应该接受这种"图学文化"的教育，这种情况类似于当年的计算机文化教育。

2. 东京大学图学教育的总体安排

①大学一二年级开设"图学"；②大学高年级开设"工程或建筑设计制图"（Engineering or Architecture Design Drawing）。

图 2 中图学Ⅰ为画法几何，图学Ⅱ为工程制图，图学Ⅰ–B、图学Ⅱ–B 为配套练习。

图 2 "图学文化教育"体系

（四）国内外比较

虽然各国的情况不完全相同，但是通过比较，不难发现与我国相比仍然存在明显的差异。

1. 国外图学教育的主要优势与特色

国外的图学课程大多分散在多门课程中，与其他课程形成有机的结合。教学内容更强调实用性，弱化理论性；从三维出发，强化形象思维的培养；注重徒手绘图能力的培养；注重图学文化或工程文化的培养，熏陶学生的工程素养和文化情操。学习方法上特别强调学生的自学能力的培养，并且有一系列的措施，促进学生自学。国外一些大学的考核由以下部分组成：笔试、平时作业、最后的设计项目，其中设计项目所占的比重比较大，从而有利于对学生设计能力的培养。

2. 我国图学教育的主要优势与特色

图学课程在我国高等教育中有着传统的质量优势，各校的制图课大多较早成为本校的优秀课程；同时，课程量较大、面很广，在高等教育计划中，课程地位稳固，特色鲜明，这些都是图学教育稳定中求发展的基础和保证。图学教师队伍治学严谨，勤于奉献，教学经验丰富，教学改革有基础，热情高。图学教育的硬件环境已有很大的改善，软件环境比较丰富。学科研究不断深入，对图学教育的促进作用不断增大。

五、未来发展趋势及对策

（一）发展趋势

1. 图学在社会人员中的终身教育

随着计算机和信息技术的飞速发展，图学技术也迎来了自己的高速发展，完全可以用日新月异来形容，过去在学校里学的图学知识和技术，在实际工作中已远远不够。特别是与图学相关的一些新技术，如科学计算可视化技术、虚拟现实技术、BIM 技术、3D 打印技术等，是过去在学校学习时没有接触到新技术。因此，图学的终身教育必将成为我国社会人员继续教育的必然模式。

2. 图学在学校中的全程教育

图学全程教育已得到了许多教育工作者的认同，其基本思想是将图学课程放置于学生学习的全程中考虑。提出把图学知识传授、素质和能力培养、技能提高等有机地设计成不同的环节，贯穿于学习的全过程中。使学生在图学课程中学到的理论、技术、技能与专业知识融会贯通，真正成为学生自身所拥有的能力和知识，从而实现既传授了图学知识又提高了学生综合素质和能力的教学目标。

3. 图学的数字化教学

信息技术与网络技术引起的"数字信息技术革命"必然作用于图学教育，图学数字化教学就是这场革命中应用现代教学技术的必然发展结果。

实现图学数字化教学的要素有：数字化教学环境、数字化教学资源、数字化教学模式。

数字化教学环境包括硬件建设和软件建设。硬件建设指多媒体计算机、多媒体网络教室、网络和通讯设备等；软件建设指各类教学系统、制作平台、数字化教学的标准与规范、虚拟教室、虚拟实验室、虚拟图书馆等。

数字化教学资源包括图片、素材、教案、实验、课件（例如上课、作业、答疑、复习、考试）、网络课程、活动视频和动画等。

数字化教学模式有：个性化模式、多重交互模式（指人机、师生、生生）、自主探究模式、协同模式（例如在线讨论、协作交流、合作学习）等。

（二）对策

1. 如何实现图学的终身教育

（1）知识传递的方式和速度大大加快，社会成员接受各种思想文化的途径大大拓宽，比以往更加方便快捷，网上获取知识成为自我教育的重要方式。

（2）终身教育的层次多样化，要求教育的结构与形式更加多样化，虚拟学校作为一种崭新的教育形式突破了时空限制，把教育对象无限扩大，教育的对象将涵盖全体社会成员，大大提高了教育资源的利用率。

（3）终身教育的普及性要求信息技术逐渐成为大众化的最为方便快捷的工具。

（4）终身教育的低重心、广覆盖发展要求网络技术将架起学校教育、企业培训以及社会教育相互沟通的立交桥。

2. 如何实现图学的全程教育

图学全程教育体系要求加强学生的工程意识和初步设计能力，改变教学方法和教学指导思路，强调以学生为主、教师为辅，课程学习与实践同步，强化学生理论知识与实际动手能力的结合。可以通过导师制培养学生的图学能力，导师的指导应贯穿于学制规定的年限教学中，以实现图学的全程教育思想。

3. 如何进行图学数字化教学建设

为了实施图学数字化教学，必须研究以下内容：现代教育教学理论与观念；教学环境数字化；教学资源数字化；教学方式数字化。并用切实措施加以落实。应该采取以下 4 项措施。①抓住教育教学观念的转变；②搞好课程体系和内容的数字化设计；③加强数字化教学环境与资源的建设；④以应用和就业为导向，推进数字化教学建设。

参 考 文 献

［1］ Yu Xifa, Shao Likang, Liu Jipeng, Yu Yan. Development of Graphic Education in Modern Education ［M］.2013 International Conference on Advances in Social Science，Humanities，and Management. vol.2：395–400.

［2］ 童秉枢. 图学思维的研究与训练［J］. 工程图学学报. 2010（1）：1–5.

［3］ 陈锦昌，陈炽坤，邓学雄，刘林. 基于构型设计的工程图学教学体系的探讨［J］. 工程图学学报，2006（5）：130–132.

［4］ 陈翔鹤，等. 视图的可构性分析及其空间构形方法研究［J］. 工程图学学报，2006（3）：146–150.

［5］ 童秉枢，田凌，冯涓. 10 年来我国工程图学教学改革中的问题、认识与成果［J］. 工程图学学报，2008（4）：1–5.

［6］ 杨文通，李杨，皇甫平，等. 以实践创新为主线的图学全程教学体系初探［J］. 工程图学学报，2006（5）：137–141.

［7］ 赵大兴，李九灵，龚凌云，张明权. 基于 AutoCAD 工程图学考试系统的开发［J］. 工程图学学报，2006（4）：153–157.

［8］ 魏伟，马歌. 虚拟现实技术在高等教育中的应用和展望［J］. 中国教育信息化，2012（1）：83–84.

［9］ 顾邦军，万华明，杨丽，王福来. 虚拟现实技术在高校教育中的几点思考［J］. 中国现代教育装备，2008（7）：42–44.

［10］ 余云智，程健庆，周玉芳. 作战指挥自动化系统模拟训练技术研究［J］. 舰船电子工程，2008（7）：118–122.

［11］ 明秀峰，刘志强. 公安教育加强情景模拟训练势在必行［J］. 广西公安管理干部学院学报，2001（2）：24–26.

［12］ 王德汉. 航天飞行任务综合模拟训练［J］. 中国航天，1998（9）：27–30.

［13］ 殷红. 竞技体操的赛前模拟训练［J］. 安徽体育科技，2002（5）：56–58.

［14］ 冯涓. 美国高校工程图学教育特色分析［J］. 工程图学学报，2008（3）：139–144.

［15］ 胡琳，程蓉. 浅论中英"工程图学"教育的差异［J］. 北京大学学报（哲学社会科学版），2007（5）：110–114.

［16］ 童秉枢. 工程图学课程的数字化教学［J］. 中国大学教育，2010（7）：46–48.

撰稿人：邵立康　于习法　陶　冶　刘继鹏　杨道富　范波涛　樊　宁
鲁聪达　李　明　丁　一　季阳萍　雷光明　张彦娥　沈国强
王佑君　施岳定　谢庆华　丁玉兴　杨　鹏　王　静

图学标准的研究进展

一、引言

"得标准者得天下""综合国力的竞争越来越表现为标准之争""技术性贸易壁垒的本质是对技术标准的竞争与利用的问题""没有标准，世界的运行将戛然而止"等事实铸就的警言名句也越来越震撼人心。可以说，无论过去、现在和将来，国际标准化竞争已经、正在、且越来越左右着世界的格局形势。

"标准化"活动是人类社会中每天都在进行的诸多活动中的一种，标准是标准化活动的主要成果之一，标准化的主要作用是为了预期目的改进产品设计、过程或服务的适用性，防止技术贸易壁垒并促进技术合作。图样是技术语言，是技术交流和国际交往的工具。

在大图学的概念下，图学标准包括图形（图样）标准（制作标准和交换标准，如GKS、STEP、DXF 图样）、图像标准（静态与动态的，如 JPG、BMP 等）等。其中，社会与经济影响力最大的是图样的制作——工程图样标准。标准化的图样作为设计思想的记录工具，不仅记录着人类极其丰富的生产实践和宝贵的技术遗产，而且在技术交流和贸易中发挥着特有的桥梁和媒介作用。

制图标准化主要是对机械制图、建筑制图、土木制图、电气制图、船舶制图等各类技术图样、技术文件用和电气设备用图形符号和图形交换、产品几何技术规范等进行统一和标准化。以中国图学学会制图标准化专业委员会会员骨干为主的我国的 SAC/TC146 全国技术产品文件标准化技术委员会，对口国际标准化组织 ISO/TC10 技术产品文件标准化技术委员会，主要从事与制造业有关技术产品文件的标准化研究，技术产品文件标准体系主要包括技术制图、机械制图、CAD 制图、计算机辅助文件管理、图形符号（简图用图形符号和工艺及系统用图形符号）等。SAC/TC27 全国电气信息结构、文件编制和图形符号标准化技术委员会，对口国际电工委员会 IEC/TC3 的国际标准化工作，其标准体系包括技术文件用图形符号和电气设备用图像符号基本规则。SAC/TC240 全国产品几何技术规范标准化技术委员会，对口国际标准化组织 ISO/TC213 产品几何技术规范的国际标准化工作，其标准体系包括极限与配合、几何公差和表面结构。

制图标准化的内容涉及图样的表示法，图形符号的表示法，尺寸与形位公差的注法以及表面结构的表示法等。制图标准化是贯穿新产品开发所涉及产品生命周期全过程的图学问题，包括市场调研、产品设计、生产工艺、质量检测、出厂销售、维修服务、回收产品及产品的再循环利用等，整个过程是一个综合标准化问题，即技术产品文件的标准化问题，而其中的核心问题是"图样"的标准化问题。传统的"产品图样"是以二维视图为主要表现形式，而且是有形的手工图样。近年来，随着计算机技术的普及，图样的表现形式呈现出从二维向三维、从有形向无形、从图纸向无纸化、从尺寸标注向数字化发展的趋势，这个变革的过程是以"甩图版"和"甩图纸"为标志的。

多年来，我国一代又一代的图学工作者积极跟踪研究国外、国际制图标准化的发展方向，致力于制图标准化工作，使我国的制图标准化工作经历了从总结归纳国内外技术图样、规范技术制图、推进国内制图标准化到引领制定国际标准的发展阶段。制图标准化在改进产品，防止技术贸易壁垒，促进技术合作方面发挥了积极的作用。

自 2001 年中国加入 WTO 以来，就积极派人参加历届 ISO/TC10 标准化年会，跟踪研究国际标准的制修工作，并以我国成熟的国家标准为蓝本提出多项国际标准提案，在 ISO/TC10 内获得了越来越多的地位和话语权。时至 2006 年，我国已经具备了先进的硬件设备、优秀的国际标准化人才和成熟的国际环境，从而顺利地接替俄罗斯，成为 ISO/TC10/SC6 机械工程文件分技术委员会的秘书国，负责国际上机械工程领域的技术文件标准化工作，同时也使 ISO/TC10/SC6 成为 ISO/TC10 内最活跃的分技术委员会。成为 ISO/TC10/SC6 秘书国后，我国积极引领国际制图标准的制修订工作。目前，由我国主持制定的已经发布的国际标准 3 个，我国正在主持制定中或立项中的国际标准 5 个，正在参与制定的国际标准 6 个。

开展对图学标准化的历史、现状及发展趋势的研究，并进而制定出切实可行的对策，无论是对促进图学标准化自身及推动图学学科的发展，还是更广义地助力于我国更有效地参与国际标准化竞争等，都是具有重要的现实意义和深远的历史意义的。

本研究报告着重叙述的是制图标准进展情况。

二、图学标准化的内涵

（一）图学标准化是科技工程界共同的技术规范

"工程图样，是根据投影原理、标准或有关规定，表示工程对象，并有必要的技术说明的图"（摘自 GB/T13361–2012《技术制图 通用术语》），图作为一种事物，从产生、应用直至发展成图学学科，其发展规律自然也要形成"从无序到有序"的标准化规范过程。研究图的科学称为图学。对图学进行标准化的过程称为图学标准化。由于工程图样被喻为科技工程界共同的技术规范，也就促成了图学标准化成为国际标准化关注的重要技术内容。

（二）图学标准化是图学学科的一个支撑

图学学科是图学标准化的母体，并且随着图学学科内容的不断丰富，研究的逐步深入，与其他学科间联系越来越广泛。例如，随着计算机诞生，图学学科中新增了"计算机图形学"，相应地图学标准化也要研究"计算机图形学"标准化问题。同时，图学标准化亦时时在反哺其母体图学学科。例如，按照标准化、规范化的理念研究图学理论和应用，则会使图学学科将内容更加深入和丰富，与其他学科间联系更加紧密、应用领域更加广泛。因此，图学标准化既是图学学科的一个支撑，也与图学学科相得益彰，互相促进，共同发展。

（三）图学标准化支撑和服务产业发展

图学学科越发展，就越需要图学标准化。图学标准包括图形（图样）、图像（静态与动态）等标准，设计专业领域越来越广泛。图学越标准化，图学的应用就会越大。图学标准化中特别重要且很实用的一部分是制图标准化，而制图标准化最主要的工作是研究制定相关专业领域的制图标准，如机械制图标准、建筑制图标准、电气制图标准等，并指导研究部门、生产企业和大专院校等方面学习、贯彻和实施。而要想高效率高质量地绘、读工程图样，严格且灵活地执行相关制图标准是关键。其实，竞争中最重要的实体是产品。仔细分析一个新产品（产品分为：有形产品，例如汽车、房屋、武器、飞船等；和无形产品，例如文化等）的生命周期："市场调查→产品设计和研制→生产过程的制定和研究→采购原材料和零配件→制造→检验→包装和贮藏→销售和分发→安装和委托代理→技术服务→售后服务→有效生命周期后期的处理及再次循环"（摘自 GB/T19097—2003《技术产品文件 生命周期模型及文档分配》国际标准代号 ISO15226:1999），以工程图样为核心的技术产品文件贯穿和指导生命周期中各个环节，正是我们图学标准化所要研究和支撑服务产业发展的对象。

三、图学标准化的最新研究进展

（一）我国图学标准化在创新中发展

我国图学标准化研究和发展大致可划分为三个创新过程：

1. 1949—1983 年：借鉴苏联图学标准体系初步构筑我国机械制图标准体系

这一时期，我国乏独立自主地制定成套标准的能力，伴随着我国工业体系的建立，借

鉴苏联的 ГOCT 标准，初步建立了机械制图标准体系，见下表。创新过程实现了图学标准的从无到有。

《机械制图》标准发布一览表（新中国成立至改革开放初期）

时间（年）	名　称	标准代号	数量（项）	发布部门	是否含几何公差	备　注
1950—1951	工程制图	（无）	13	政务院财政经济委员会	含。时称"形状偏差"	"中华人民共和国标准"系"草案"
1956	机械制图	机	21	第一机械工业部	含。时称"整形公差"	部颁标准
1959	机械制图	国标（GB）	19	国家科学技术委员会	含。时称"表面形状和位置偏差"	第一部国家标准
1970	机械制图	GB	7	中国科学院	含。时称"表面形状和位置偏差"	第二部国家标准（试行）
1974	机械制图	GB	8	国家标准计量局	含。"表面形状和位置公差"	第二部国家标准（转正）
1983—1984	机械制图	GB	17	国家标准局	未含。自 1975 年起，几何公差不再归属《机械制图》。1980 年起改称"形状和位置公差"。2003 年起改称"几何公差"	第三部国家标准（17 项中 1983 年发布 1 项，1984 年发布 16 项）

2. 1984—2001 年：转化国际图学标准形成我国自主图学标准体系

这一时期，为实现我国加入世贸组织（WTO），在 20 世纪 80 年代，按照国家"双采方针"要求，在制定发布第三部《机械制图》《建筑制图》和《电气制图》国家标准时，积极转化和采用国际标准，为广大企业参与国际竞争和技术交流提供了坚实的技术基础。提出了具有一定先进性、科学性和国际性的我国"技术制图标准体系表"，见图 1，涵盖了技术制图、机械制图、建筑制图、电气制图和 CAD 制图、CAD 文件管理及图形符号等方面，计达百余项标准。创新过程实现了图学标准的由点到面。

3. 2002 年至今：以我国为主参与或主导国际图学标准制定

这一时期，我国三代图学工作者持之以恒地积极投身于国际标准化的工作。特别是 2001 年，以我国加入世贸组织为契机，认真落实 WTO／TBT 协定（技术法规、标准、合格评定程序）要求，我国的图学标准化在不断完善其自主体系之同时，也积极

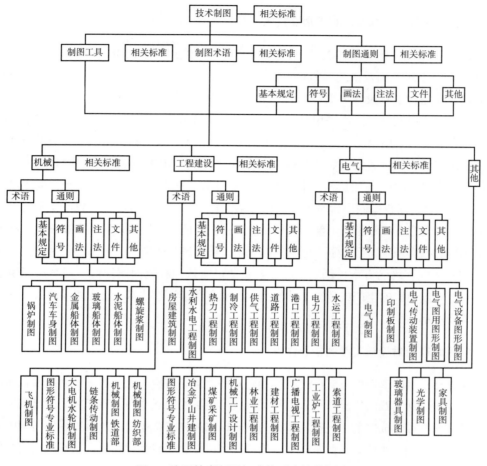

图 1　我国技术制图标准体系表结构框图

参与了国际图学标准化的竞争，采用的策略亦是"重点突破"，主导制定了一批国际标准。目前，由我国主持制定的已经发布的国际标准 3 个，我国正在主持制定中或立项中的国际标准 5 个，正在参与制定的国际标准 6 个。创新过程实现了图学标准的由弱到强。

（二）图学标准化的最新研究进展

1. 简化制图标准产生重要影响

GB/T16675.1《技术制图简化表示表示法 第 1 部分：图样画法》和 GB/T16675.2《技术制图简化表示表示法 第 2 部分：尺寸注法》系统地规定了零件上频繁出现的各种孔类结构（如光孔、沉孔和螺孔）的简化表示法。贯彻该标准后，不仅可消除各国工程技术人员之间因所采用的孔的表示法不一而造成的人为的技术障碍，还可在节省绘图时间、缩短产品开发周期以及消除技术壁垒等方面产生重要影响。

2. 投影法等三项标准有利于消除技术壁垒

2009 年 1 月 1 日开始实施的三项《技术制图》国家标准：GB/T10609.1《标题栏》、GB/T14689《图纸幅面及格式》和 GB/T14692《投影法》，修订后的主要变动是从不同角度、相辅相成地完善了对投影识别符号的规定。我国从 20 世纪 40 年代至 90 年代初，一直实行着单一的投影制，只允许采用第一角画法。改革开放后，尤其是加入 WTO 以来，国内的许多企业要与采用第三角画法的国家（如美、日、加、澳）技术交流。为应对全球经济一体化的态势，我国《技术制图》标准（GB/T17454 和 GB/T14692）随接适时地推出了新投影制："技术图样按正投影法绘制，并优先采用第一角画法""必要时，允许使用第三角画法"。但是，新投影制出台时未及时区分第一角、第三角画法图样的投影识别符号作出必要的具体规定，以致影响了新投影仪制的推行。为此，近期修订后的上述三项《技术制图》标准对投影识别符号作了十分明确的规定，使得符号的形式、线型、尺寸比例、标注位置和标注规则均已有章可循。现在，各企业可有效地杜绝因图样的不同画法而引发争议、甚至误读而影响生产或致废工件的情况，也有利于消除技术交流和贸易往来中人为的非关税技术壁垒。

3. 图学理论对设计实践的指导作用

国家标准 GB/T24739—2009《机械制图机件上倾斜结构的表示法》的制定发布体现出图学理论对设计实践的指导作用，填补了该技术领域的国际空白。该标准的内涵及体例新颖独到。该标准形成之前，进行了广泛的调研，并从许多企业提供的典型零件图例中遴选作为标准中图例之主体。在此基础上，该标准将机件上倾斜结构的表达较好地归纳升华为 4 种基本类型的表示法，并将其表示法的基本原理——换面法列入了标准的附录之中。该标准的制定发布是对图样画法规定的必要补充。它不仅解决了长期的以来机件上任意倾斜的一般位置平面实形的表达无章可循的缺失（传统的斜视图表示法只解决了投影面垂直面实形的表达），还指明了表达倾斜结构的基本途径（4 种类型）。

该标准开创了将成熟的图学理论（如换面法）纳入图学标准（"资料性附录"）中之先例，这是一种带有导向性的有的益尝试。在以往的图学标准和图学教材中从未指明斜视图的画法原理是换面法。该标准则溯本求源地明确指出："反映机件结构实形、实角的图样应按变换投影面法（换面法）绘制，标准结构的这种处理方法，必将更好地发挥图学理论对设计实践的指导作用。"

4. 为三维模型的建立提供了技术基础

对 1985 年开始实施的我国第三部《机械制图》国家标准进行修订工作为三维模型的建立提供了技术基础。这套实施久、覆盖广、影响大的系列标准中的最后三项（GB/T4457.5、GB/T4458.3 和 GB/T4460）业经修订，已上报待批。修订后的三项标准较好地协调解决了与相关标准的关系问题，例如：

（1）关于剖面线的倾斜角度，是以水平方向为参考，还是以主要轮廓为参考？对此，因国内外标准规定不一，新旧标准表述各异，较长时间以来，图学教学无所适从。这次修订时妥然解决了这一问题，明确规定："剖面线……一般与剖面区域的主要轮廓或对称线成45度。"

（2）在《机械制图》系列标准中，有关《轴测图》的规定已沿用了数十年之久。但是，这些规定当初是在手工尺规绘图的环境下制定的，在当今计算机绘图的环境下进行三维建模、绘制三维图样是否仍然适用？这是亟待明确的问题。对此，新标准明确规定：本标准"适用于手工及计算机绘制轴测图"；还强调指出：三维模型形成三维图样时应按本标准的相关规定绘制和标注。可以认为，上述关系的明确提出，实质上是为当今方兴未艾的数字化技术的应用（如三维建模）指明了它的理论支撑（轴测投影）。

5. 17 项三维数字化设计标准技术水平已位于国际最前沿

随着三维数字化设计模式的深化应用，越来越多的企业直接通过三维模型生成二维图样，也有部分企业甚至直接采用三维模型而摒弃二维图样作为生产制造的依据。这些客观情况都极大地推动了图学标准研究从二维迈向三维，使得三维图学标准研制成为目前的热点和发展趋势。

在欧美发达国家开始三维设计标准研究的同时，我国也开始密切跟踪其发展的最新动向，在积极采纳和参考 ISO16792 以及 DIN32869 等国外先进标准的基础上，结合我国国家标准实际情况，自 2009 年至 2011 年先后发布和实施了 GB/T24734《技术产品文件 数字化产品定义数据通则》、GB/T26099《机械产品三维建模通用规则》和 GB/T26100《机械产品数字样机通用要求》等共 17 项三维数字化设计标准，填补了我国三维图学标准空白，为后续三维图学标准的研究奠定了坚实的技术基础，也标志着我国在"计算机辅助设计和制图"标准化技术领域已达到国际最前沿的技术水平。

四、图学标准化国内外研究进展比较

（一）国际图学标准化的现状

ISO 下设若干的技术委员会（TC），其中的"国际标准化组织／技术产品文件标准化技术委员会"（ISO/TC10）主管国际"以图学标准为主线的技术产品文件"（包括图样、说明书、合同、报告等）标准化的工作，其主要职能是开展对制造业产品生产过程中所产生的技术产品文件，包括设计、制造、检验、使用、回收等产品生命周期中手工的和计算机所涉及的各种图样和文件要求，以及对这些图样和文件管理技术等方面的国际标准化开展研究；现共管辖 100 余项国际标准和正在开展研究的国际标准 10 余项，所发布的国际标准冠名"技术制图"或"技术产品文件"作为引导要素。ISO/TC10 目前的技术框架结构见图 2。

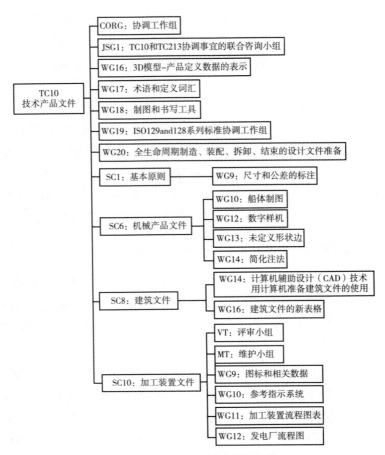

图2 ISO/TC10 技术框架结构

（二）国内外图学标准化研究进展比较分析

中国是制造大国，多年来的应用需求，使得我国在设计和制造领域的图学标准与发达国家相比较，技术已处于领先地位，如简化制图、机械产品数字样机、船体制图等。近年来，我国借助于几十年来沉淀的雄厚的技术基础，接连主持或参与了多项国际标准的制修订工作，在国际图学标准化竞争中我国逐渐占据主导地位。我国参与 ISO TC10 国际标准化活动情况如下：

1. 我国主持制定并已发布的国际标准

（1）中文：ISO/TS128-71：2010 技术产品文件——表示法—— 第71部分：机械工程图样的简化表示法。英文：ISO/TS128-71-2010，Technical product documentation（TPD）— General principles of presentation— Part71：Simplified representation for mechanical engineering drawings.

（2）中文：ISO128-15，技术产品文件——表示法——第 15 部分：船体制图画法。英文：ISO128-15，Technical product documentation（TPD）—General principles of presentation—Part15：Representation of shipbuilding drawings.

（3）中文：ISO129-4 技术产品文件——尺寸和公差注法——第 4 部分：船体制图注法。英文：ISO129-4 Technical product documentation（TPD）—Indication of dimensions and tolerances—Part4：Dimensioning of shipbuilding drawings.

2. 我国正在主持制定和立项中的国际标准

（1）中文：ISO/CD17599 技术产品文件——机械产品数字样机通用要求。英文：ISO/CD17599 Technical product documentation（TPD）—General Requirements of Digital mock-up for Mechanical Products.

（2）中文：ISO/WD129-6 技术产品文件——尺寸与公差注法——机械工程图样的简化注法。

英文:ISO/WD129-6，Technical product documentation（TPD）—Indication of dimensions and tolerances — Part6：Simplified dimensioning for mechanical engineering drawings.

（3）中文：ISO/NWIP 技术产品文件——尺寸与公差注法——第 5 部分：金属构件的尺寸标注。英文：ISO/NWIP Technical product documentation（TPD）— Indication of dimensions and tolerances — Part5：Dimensioning of structural metal work.

3. 我国正在参与制定的国际标准

（1）中文：ISO/FDIS128-24 技术产品文件——图样画法——机械工程制图的线。英文：ISO/FDIS128-24 Technical product documentation（TPD） —General principles of presentation—Part24：Lines on mechanical engineering drawings.

（2）中文：ISO/NP13715 技术产品文件——未定义形状边——术语和定义。英文：ISO/NP13715 Technical product documentation（TPD）–Edges of undefined shape–Vocabulary and indications.

（3）中文：ISO/DIS16792 技术产品文件——数字产品定义数据实施。英文：ISO/DIS16792 Technical product documentation—Digital product definition data practices.

（4）中文：ISO/NP129-1 技术制图——尺寸和公差——第 1 部分：一般原则。英文：ISO/NP129-1 Technical drawings—Indication of dimensions and tolerances—Part1：General principles.

（5）中文：ISO/DIS129-2 技术制图——尺寸和公差——第 2 部分：机械工程制图的尺寸标注。英文：ISO/DIS129-2 Technical product documentation—Indication of dimensions and tolerances—Part2：Dimensioning of mechanical engineering drawings.

（6）中文：ISO/WD8887-1 制造、装配、拆卸和生命终止处理（MADE）——第 1 部分：基本概念、步骤和要求。英文：ISO/WD8887-1 Design and documentation for manufacture, assembly, disassembly and end-of-life processing（MADE）—Part1：General concepts, process and requirements.

其中：

（1）ISO/TS 128-71 由我国率先提出并主导制定的第 1 项机械制图方面的国际标准，具有重大意义。该标准的发布，填补了该技术领域的国际空白，也彰显了我国在技术产品文件领域的标准化水准，进而提升了我国在图学标准化领域的国际话语权。

（2）2013 年 7 月 1 日，我国 2 个《船体制图》国家标准也成功地转化为国际标准：ISO 128-15 和 ISO 129-4 以我国国家标准为蓝本，吸收了国际上其他先进国家的先进技术和表达方法。该标准的颁布实施，不仅使得我国这个造船大国在造船业国际标准化领域拥有了话语权，也为我国造船业在国际交流和国际贸易中提供了坚实的技术基础。

（3）2011 年，由中国提出的 ISO/17599 成功立项。该标准从产品全生命周期角度对机械产品数字样机给出了详细的分类、构建、评审和应用等要求，提出了机械产品建模与仿真等基本方法，是计算机辅助设计领域的重要基础标准。欧美国家在该领域有着传统的技术优势和应用基础，该标准的立项制定，标志着中国标准化技术在"计算机辅助设计和制图"领域已达到国际最前沿的技术水平。2013 年 5 月，在杭州举行的 ISO/TC10 第 29 届会议上，通过国际投票，一致同意该标准通过标准草案（CD）阶段，正式进入标准送审稿（DIS）阶段。

五、图学标准化发展趋势及展望

（一）图学标准化的发展趋势

1. 二维图样标准化向三维图样标准化发展

随着计算机的开发与研究，用计算机绘制产品图样的"甩图板工程"在国家的推动下已经基本完成，与之相应的标准也已经配套，并得到了较好的贯彻与应用。由于计算机技术的发展，其软硬件的不断升级，三维建模替代二维平面图在制造业企业已经越来越被关注，而且在有条件的企业中正在开始研究与应用，三维建模替代二维图是制造业企业产品设计向前发展的必然趋势，国外发达国家早已开展有关研究，也制定了相关标准。因此，在图学标准化的发展上二维图样标准化向三维图样标准化也应得到高度的重视，加快相关标准的研究和制定。自 2009—2011 年，随着 GB/T 26099.1—2010《机械产品三维建模通用规则 第 1 部分：通用要求》、GB/T 26101—2010《机械产品虚拟装配通用技术要求》和 GB/T 24734.1—2009《技术产品文件 数字化产品定义数据通则 第 1 部分：术语和定义》等三维设计标准陆续发布和实施，以三维设计为核心的一套标准体系已具雏形。该系列标准对机械产品三维建模、虚拟装配、数字样机和数字化产品定义等多个方面做出了详细规定，为后续三维相关标准的制定打下了基础。

2. 图形标准化向产品全生命周期管理标准化发展

在工业界，由图形→图样→符号化→图形文件标准化向产品全生命周期（PLM）管理标准化已是发展趋势，不同的图形表达不同的事物特性。如在产品设计时，图形是反映设计产品模样的一个载体，这个载体要去加工成产品，就要附加许多相关信息，这样就成了图形文件。另外，产品的每一道工序也可以用特定的图形符号信息来表达（包括：产品设计、制造工艺、验收检验、产品使用、回收再制造等），把这些符号串起来就形成了产品全生命周期（PLM）的过程。目前，我国在每个阶段的标准化工作方面都已经取得了较好的成果。如果将这些符号和方法标准化，使大家都按照这些标准化的符号和方法去设计、理解和应用，就会大大简化设计过程，缩短设计周期，加快产品上市时间，这在工业界将会产生较大的经济效益和社会效益。目前，国际标准化组织（ISO）、美国、英国等都在开展这方面技术的标准化研究，这也是我国图学标准化今后要开展研究的重要课题。

3. 图形与图像标准向计算机格式标准发展

目前，图形与图像方面的标准主要是针对手工操作而言。伴随计算机技术的发展，在图学界用计算机进行图形与图像数字化、信息化的手段越来越被大家所接受。这样图形的交流格式（STEP、DXF 等）和图像存放与交流格式（JPG、BMP 等）的标准就显得格外重要。在国际上，美国、英国、德国、法国和日本等发达国家都已开展这方面的研究，他们除了制定本国的相关标准外，还积极地参与和主导国际标准的制定。因此，我们要跟踪国际上的发展，抓紧时间开展图形的交流格式和图像存放与交流格式标准的研究与制定工作，满足企业技术交流的要求，这是我们今后要开展研究的一个方向。

4. 技术产品文件（TPD）与产品几何技术规范相融合的发展

产品几何技术规范（GPS），是针对所有几何产品建立的一个几何技术标准体系，覆盖了从宏观到微观的产品几何特征，包括尺寸公差、形位公差和表面结构等需要在技术图样上表示的各种几何精度设计要求、标注方法、测量原理、验收规则，以及计量器具的校准、测量不确定度评定等，涉及产品设计、制造、验收、使用等产品生命周期的全过程，这些技术内容在设计阶段都需要在技术图样或相关的技术产品文件上表示出来。其中概念设计（外形、功能、性能）、机械设计（系统模型、工件模型、装配定义）和质量设计（功能的几何转换、公差规范标注、验收规范方法），这些技术要求在技术图样或相关的技术产品文件上如何定义和标注是至关重要的。不仅如此，在产品的后续各阶段的质量控制过程中，包括采购、制造、检验以及售后服务和维修等，技术图样或相关的技术产品文件上的相关要求提供了包括性能、寿命、可制造性、可维修性、过程控制方法，过程管理与执行力标准依据。技术图样及其产品文件规范与产品几何规范相融合是满足现代制造业发展的需求的必然趋势。

（二）主要对策

1. 开展相关方面的研究

随着信息化技术的不断发展与进步，图学标准化也在不断地发生着变革。从发展角度看，由于计算机的加入，手段与方式变化了，与之相关的图学标准化的工作要满足现实需求。从目前的情况看，图学标准化应该从研究图学原理、制图手段、图学教育、开发相关的计算机应用软件等方面开展相关的研究，并从图学标准化的趋势研究近期的、远期的有关对策，满足其发展的需要。

2. 加快图学标准的制定工作

图学方面的标准制定工作是图学走向企业，走向市场，走向应用的桥梁。虽然在图学方面已经制定了许多标准，但按照图学发展和应用的要求，还需要大量的技术标准。图学标准在国际贸易和技术交流方面起着非常重要的作用，在工业产品制造与协作中也具有不可低估的作用。为此，我们要继续跟踪国际的上图学现状和发展要求，结合国内的图学的实际，紧密与相关国家的标准制定机构加强联系，在国际上主导与参与相关标准的制定工作。

3. 加强图学标准化教育

标准具有很强的社会性和实践性。标准一经发布，即应广为昭示和宣贯，力推实施，否则，若束之高阁，标准就毫无价值了。集中反映图学研究成果的图学标准，对图学教育工作者和工程技术人员都要求必须掌握，这就需要借助教育（指职业教育、大学教育、继续教育、技术培训等）进行推广和介绍，以便在千百万学生和工程技术人员中普及和提升图学标准的知识和实践能力，使之有效地转化为生产力。

信息时代要求工程技术人员的知识面要广，由于图学标准化的内容更新快、变化大，故一线人员不易熟练掌握，以致影响设计绘图工作。解决的办法是一方面要加大标准的宣传和贯彻工作，另一方面工程技术人员和大专院校学生要不断学习，不断提高其图学和图学标准化素质，以利于设计绘图工作。同时，也需要不断地创新学习和培训的模式和方法。

4. 加快研究和制定基于模型的定义技术的标准

基于模型的定义技术（MBD）发展与应用，推动了二维图样标准化向三维图样标准化发展的新趋势。其宗旨是在工程 3D 模型中集成尺寸、公差、技术条件等标注，提供全面的产品定义，彻底取消 2D 工程图样，使 3D 模型作为协同设计、制造和检验的唯一授权数据。

随着基于模型的定义技术（三维图样）在产品装备研制过程中的广泛应用，产品装备研制模式正在发生根本性变化。传统的以数字量为主、模拟量为辅的协调工作法开始被全数字量传递的协调工作法代替，三维图样已经取代二维图样，成为产品装备研制的唯一制造依据。规范基于模型定义的数据集的定义、尺寸公差标注、软件实施以及典型结构和系统的建模要求等多个方面，开发软件应用工具，推动基于模型的定义技术标准的应用，建立 MBD 技术标准应用体系。即通过把 MBD 的装备数字化产品定义标准、以工艺活动为中心的数字化工艺数据组织与管理标准、数字化工艺现场应用标准和在线数字化测量标准各部分有机整合起来，形成一个完整的 MBD 装备数字化制造技术应用标准体系，完全采用数字量协调，真正实现全数字化、无图纸设计制造技术。因此，在产品装备工程制造过程中采用 MBD 技术，将彻底改变产品数据定义、生成、授权与传递的制造模式，实现三维图样数字化定义、三维图样数字化工艺开发和三维图样数字化数据应用。

今后，要进一步加快研究和制定 MBD 技术的标准：

（1）3D MBD 模型作为产品主模型的验证，如何进行设计、制造、检验等数据的集成使其贯穿与整个产品的研制过程成为今后 MBD 技术以及相关标准研究的重要方向。

（2）3D 模型的理解和应用离不开软件系统的支持，专用数据格式限制了最佳应用程序和工具的使用，开放式标准并不为所有厂商支持，供应商需要低成本的制造应用程序和浏览器的数据格式，对产品数据的长期有效性需建立相应的标准进行规范。

（3）开展研究和编制应用 3D MBD 模型进行制造、检验的最佳实践和方法研究。

（4）以 MBD 技术为基础，围绕装备产品全生命周期的管理，建立基于模型的定义的产业链发展模式，成为今后装备产品数字化制造的发展趋势储备技术基础。

图学标准化是对图学理论和实践的总结和提升，具有基础、支撑和引领的不可替代的作用。图学标准化出自学科创新，又不断地促进学科创新。在技术领域已成为广泛地工程师的技术语言。图学的教育是以图学标准化为公共基础深入实施。二维到三维的标准化理论和技术的研究，使图学这个基础学科不断地、蓬勃地创新发展。我国图学标准成为国际标准反映出我们的研究和应用的水平已处于国际先进国家之列。一些图形开发技术（平台）借助图学标准，加速了图形的开发、规范与应用。图学标准化的研究与实践在为国民经济服务过程中将会不断地发展和深入。

参 考 文 献

［1］中国标准化研究院. 中国标准化战略研究. 北京：中国标准出版社，2007.
［2］李春田. 中国标准化基础知识［M］. 北京：中国标准出版社，2004.
［3］强毅，等. 设计制图实用标准手册［M］. 北京：科学出版社，2000.
［4］申长友. WTO 规则与中国的对策［M］. 北京：中国发展出版社，2002.
［5］李学京，等. 机械制图和技术制图国家标准学用指南［M］. 北京：中国质检出版社，中国标准出版社，2013.

［6］技术标准出版社. 国家标准机械制图［M］. 北京：技术标准出版社，1975.

［7］国家标准局. 国家标准机械制图［M］. 北京：中国标准出版社，1984.

［8］国家质检局. 国家标准技术制图［M］. 北京：中国标准出版社，1999.

［9］国家质检局. 国家标准机械制图［M］. 北京：中国标准出版社，2004.

［10］杨东拜，等. 机械工程标准手册：技术制图卷［M］. 北京：中国标准出版社，2003.

［11］王永智，等. 建筑制图手册［M］. 北京：机械工业出版社，2006.

［12］沈兵. 电气制图规则应用指南［M］. 北京：中国标准出版社，2009.

［13］全国技术产品文件标准化技术委员会. 技术产品文件标准汇编CAD制图卷［M］. 北京：中国标准出版社，2012.

［14］全国技术产品文件标准化技术委员会. 技术产品文件标准汇编CAD. 文件管理卷［M］. 北京：中国标准出版社，2009.

［15］全国技术产品文件标准化技术委员会. 技术产品文件标准汇编技术制图卷［M］. 北京：中国标准出版社，2009.

［16］侯维亚，等. 技术制图：简化表示法介绍及应用指南［M］. 北京：中国标准出版社，2001.

［17］邹玉堂，等. CAD制图及CAD文件管理国家标准应用指南［M］. 北京：中国标准出版社，2008.

［18］王喜力，等. 产品几何技术规范（GPS）国家标准应用指南［M］. 北京：中国标准出版社，2010.

［19］李勇，等. 技术制图国家标准应用指南［M］. 北京：中国标准出版社，2008.

撰稿人：强　毅　杨东拜　李学京　王槐德　侯维亚

邹玉堂　张红旗　夏晓理　王　帆

ABSTRACTS IN ENGLISH

Comprehensive Report

Advances in Graphics

The comprehensive report on the "Advances in Graphics" is written by experts of China Graphics Association. The aims of the report is to illustrate the definition and position of Graph and Graphics accurately, to show the latest achievements on theory, technology and applications of Graphics in China, to prospect new needs and new tends of Graphics development. As this report is the first published report on Graphics development, so it spend much more explanation to the connotation of Graphics.

Graph is not only an important source of knowledge for human being, but also an important tool for describing thought and communicating knowledge among people. Some kind of graph, like engineering drawing, is seemed as a language to the science and technology community for express the idea of design and manufacturing. In recent yeas, because of closely connecting to the computer and information technology, the theory, technology and applications of Graph are developed rapidly, thus a new discipline named Graphics is formed, and get widely applications in industry, agriculture, scientific research, defense, education and culture, etc.

GRAPHICS is a science which takes GRAPH as object to research the theory, technique and applications about graphic representation, generation, treatment and transfer during the process of producing graph from shapes, or constructing shapes from graph.

The research object of GRAPHICS is GRAPH, and the research work is to clear the relationship between graph and shapes. Here, the "SHAPES" refer to the form or object, which exists in the objective world (such as natural objects, man–made objects, natural phenomena, etc.), and also in the virtual world (such as animation, game etc.), so the essence of SHAPES is "presence". GRAPH is a visual representation of SHAPES, which is consisted by dots and lines with their own attributes like color, line width, etc., so the essence of GRAPH is "representation". Therefore, it can be said SHAPES is the source of GRAPH.

The disciplinary frame of GRAPHICS is consisted by three layers and two supporting components. The three layers are base layer, application support layer and application layer. The two supporting components are graphics education and graphics standard. The base layer contains graphics common base, graphics calculation base and graphics theory. The application supporting layer includes graphics basic application software, graphics libraries, etc. The application layer contains a wide range of applications, such as engineering and product design drawings, graphic design, creative graphics, geographical graphics, information visualization, etc.

Owing to introduction of computers, the original boundaries of two subject "Graphics" and "Image" has become increasingly blurred, also the contents of both subjects are become more and more merged together, so it is possible using GRAPHICS to unify both subjects. In addition, in China's "Discipline Classification and Code" (GB/T 13754–72), the information about graphic theory, technique and applications spreads across in many disciplines, this is not benefit to develop graphic theory and technology, therefore, timely to establish a new discipline of GRAPHICS is necessary. For this new discipline, the report presents a concept of "Big GRAPHICS", here the "Big" means that the research of graphics theory involves various graph, and applications of graphics cover a wide range of fields. Therefore, the role of this "Big GRAPHICS" could be recognized as same as Literature and Mathematics to support the development of science and engineering together.

In recent years, many progresses have been made in graphic theory, technology and applications as follows.

1. The foundation of graphics theory

The progress has been made in understanding line drawings by computer, which includes transferring sketches into line drawings, labeling nodes and line type of line drawings, recognizing surfaces of line drawings, and using quantitative method for understanding line drawings. Moreover, three important research achievements have been obtained in graphic transformation, i.e. presenting a geometric representation method for graphic transformation, amending the theory of "projection" and "projection transformation" and solving the parameter setting problem for perspective drawings.

2. The foundation of graphics computing

Based on the cognition "Shapes is present, is input; Graph is representation, is output", it can be pointed that the basic elements of Shapes and Graph is geometry, and then the essence of Shape's construction and Graph's formation is those things as geometry definition, geometry structure, geometry measurement and geometry display, so the object of graphics is geometry, and the essence of graphics computing is geometric calculation. It is also noted that the graphics computing involves "numerical calculation" and "shape calculation". In addition, other progresses have been made in geometric calculation theory, mechanism of shape calculation and stability theory for geometric calculation.

3. The foundation of graphics application

Two application modes have put forward in graphics application. The first one is integrated application mode in product life cycle, and the second one is the system embedded with graphic core system for certain application. Meanwhile, some examples of two modes using in industry practice are showed.

4. Graphics application

The new progresses have been made in following applications: digital design and manufacturing, building information mode (BIM), geographic information technology, visual media technology, etc. Two practical cases are given. The one is ship building to show the use of graphics in whole life cycle including ship hull design, performance calculation, process design, manufacturing, inspection and maintenance. Another one is to show the effect of using BIM in architectural industry.

5. Graphics education

The new progresses in graphics education are obtained in graphics thinking, reform of curriculum contents and system, digital teaching, simulation training, social graphics education, team teaching, etc.

6. Graphics standard

Seventeen items of standards for digital design had issued and implemented from 2009 to 2011 in China. This fills the gaps of 3D graphics standards in China, and marks the country has reached international level in standardized technique for "computer aided design and drafting". In recent yeas, three international standards formulated under auspices of China have issued, five topics international standards have decided to formulate also under auspices of China, and other six international standards have the member of China joined to formulate. The above shows that China has reached international advanced level in standardized research.

Finally, the report put forward five aspects of future trends for graphics development, which include graphics and animation, image and video, virtual reality and augmented reality, visualization, 3D printing. Also corresponding contermeasures are propos.

Written by He Yuanjun, Tong Bingshu, Ding Yuming, Cai Hongming, Zhang Qiang

Reports on Special Topics

Advances in Basis on Graphics Computing

The report explores the essence of graphics computing, analyzes the contradictions of graphics computing, seeks the key points to graphics computing, and constructs the public infrastructure of graphics. It is concludes that the essence of a graph not depends on primitives themselves, but determines by the relationship among primitives.

A geometric computing theory system and an implementing framework based on the geometrization for geometric problems are presented. The theories and mechanisms for constructing graphics computing platform based on geometric ideas are illustrated, which include basic computing theory, shape calculation mechanism, and geometric transformation theory.

The latest domestic development of graphics computing theories, methods and technology are introduced, which include epistemology, basis theory and application theory. Then the foreign research progresses on graphic representations, geometric computing and graphic rendering are described. By comparing domestic and foreign research, the characteristics in geometrization and computing stability of our country are pointed out.

Finally, the report addresses the development trends of graphics computing, i.e. diversification, multi–disciplinary fusion, more computing stability, geometrization of geometric problems, etc.

Written by Yu Haiyan, Cai Hongming, He Yuanjun

Advances in Graphics Application Mode

The connotation of graphics application and application mode are described in this report. Based on product life cycle, the technology of integrated application mode is analyzed. It includes storage and extraction technology of engineering semantic features, assembly and display technology for three dimensional models and the research progress of integration technology. The application mode of "Embedded graphic core system" and its technology are analyzed. Using "Ti3DCore" graphic core system as an example, the embedded application pattern for texture rendering and Boolean operation library in the construction industry are described. The achievements and shortages of our country in graphics application are analyzed through comparing research progresses at home and abroad. Based on the above, the development trend of graphics applications is pointed out, i.e. platform, integrated, knowledgeable, service and globalization. The following suggestions are presented: innovating mode for exploring the road of graphics application; innovating mechanism for promoting collaborative development; guiding by government to develop graphic core system; developing market for creating a graphics application environment; innovating technology for enhancing application level, innovating subject for building a massive graphics team.

Written by Sun Linfu, Wang Shuying, Han Min

Advances in Model Based Definition
Technology in Graphics

Graphics transfer the product information accurately through the graphical language, which provides technical means and information carrier for the product definition. Model Based Definition (MBD) technology is based on Graphics and is the latest phase of the Graphics application. MBD technology is an application of computer technology and advanced method of digital definition, of which the product design definition, process description, attributes and management information are all attached to the three–dimensional model. MBD dataset integrates the complete product definition information with its intuitive expression form, changed the traditional engineering information authorization mode. MBD technology promotes the application about CAD, Product Data Management, Concurrent Engineering, Collaborative Technology and Knowledge Engineering and so on greatly. MBD technology comes from the Boeing Company which promotes the development of MBD technology. Since the MBD technology has been implemented in the Boeing 787 project successfully, domestic and foreign scholars and enterprises also researched and implemented on MBD technology, involving MBD technology theory, MBD technical specification system, MBD practice method, assembly and testing based MBD, MBD implementation, MBD system framework and so on. Domestic enterprises such as Commercial Aircraft Corporation of China, Ltd, Shenyang Aircraft Industry (Group) Co. Ltd., CSR Co. Ltd and CNR Co. Ltd. are all carried out the implementation about MBD technology for their products, which bring the huge economic and social benefits. Research and application of MBD technology in our country is a constantly advancing and improving process in practice. The current research of MBD technology is mainly reflected in the product definition technology, expression of MBD dataset, data organization and management of MBD dataset. But various enterprises go their own way currently and they build their MBD standards with their own business. These standards and MBD technology are not integration deeply with product data management technology, collaborative definition technology and knowledge management technology. They focused on the partial application in design or manufacture, and have not yet built a whole technical application framework about MBD similar to Boeing, which can not support the application in the aircraft entire development process. Graphics push the development of MBD technology, and MBD technology pull the Graphics to move forward conversely. MBD technology changes the product design processes and application methods fundamentally, which design, delivery, development and application mode of dataset are changed. The future of MBD technology will be lucubrated in integrality of MBD dataset, organization and management of MBD data, transmission of MBD dataset, collaborative design, product data management, knowledge management, and 3D printing technology and so on, which contribute the comprehensive development of Graphics.

Written by Xi Ping, Yu Yong, Hu Bifu, Zhao Gang

Advances in Civil Construction Industry

With the integration of 3D geometric modeling technology, scientific computing and visualization techniques in the civil engineering and architecture, Integrated application trends are becoming evident. This paper summarized and evaluated key effects of graphics on civil engineering and architecture from four application aspects, which included Computer Aided Design (CAD), Building Information Modeling (BIM), Visualization and Virtual Reality, Scientific Visualization. In addition, some project cases were demonstrated.

Nowadays, 2D design software were widely used in survey and design Industry in China, and independent CAD platforms are very few, except GstarCAD、zwCAD、PKPM and so on. Most software companies take Auto CAD as development platform. In this situation, 2D collaborative design application based on PDM technology in China is very mature, but 3D CAD design standards were started to research in many counties.

Using 3D visualization feature modeling methods to establish models, BIM technology comes from USA, which has developed many application guide. Furthermore, other countries such as the UK, Norway, Finland, Australia, Singapore, Japan and Korea had drawn up the relevant standards and application guidelines. Since 2012, the research on uniform application standard of construction information model, Information Model Storage and Coding Standards were started in China. The BIM application was still in the exploratory stage, most of BIM modeling software were from abroad. Some domestic companies developed BIM software, however it only used for project management, without advantage in data format.

Virtual Reality Technology played a significant role in design, construction and decoration in Construction Industry and it worked in the planning, bidding, approval, management of large-scale complex project. In addition, it was also applied in 3D community navigation, room roaming, panoramic aerial view, landscape display and other aspects.

Based on Scientific Visualization Technology, building sound and light thermal analysis, computational fluid dynamics, finite element and seismic data could be calculated and analyzed in visual environment.

Written by Wan Jing, Gao Chengyong, Lin Haiyan, Li Zhi, Dong Jianfeng

Advances in Industry Design in Graphics

Industrial design is a cross discipline gathering engineering, art and many other subjects. Graphics is the important base for industrial design. In the different stages of products, such as creative ideas, design and expression, manufacturing and simulation, marketing campaign, repair and maintenance etc., graphics play an important role. At the early stage of industrial design development, the importance of graphics is analyzed. It is pointed out that with the development of modern computer technology, many technologies related to the graphics play decisive role in industry design, such as virtual design, design visualization, computer-aided style design, computer supported cooperative design, interactive design and so on. After analyzing industrial design development patterns in some different foreign countries, facing to the present status of industry design in China, it should be emphasized that to form Chinese distinguishing features of industry design by referencing advanced design concept and technology in abroad.

Written by Wang Fenghong, Chen Jinchang, Chen Chikun

Advances in Visual Media in Graphics

Advances in visual media technology with graphics are reviewed in this report. The relationship between graphics and visual media technology and the importance of the visual media are indicated. And then, the key technologies and hotspots of visual media, which include processing, retrieval and synthesis of the media content, high–fidelity three–dimensional modeling, the generation and interaction of mixed scene, are reviewed. Furthermore, the important research progresses about visual media technology in past five years are summarized. With respect to the basic researches and industrial applications, the research progresses at home and abroad are analyzed. Finally, the development trends and prospects of visual media technology in the future are indicated.

Written by Shen Xukun, Hu Yong

Advances in Understanding Line Drawing

Theoretical graphics is the fundamental of graphics, and the topics of research include setting up the mathematical model from a shape, the principle and method constructing the graphics or image from a shape, graphics and image processing, the principle and method establishing the shape from a graphics or an image, and so on. The topic for understanding line drawing by a computer is selected because of its research priorities and hotspots in recent years in China and abroad. A line drawing is an important medium for exchanging three–dimension object information between people and a computer. Understanding line drawing by a computer includes the sketch recognition, labels, completing an imperfect line drawing, the identification of surfaces, recovering three–dimensional structure of an object, the object recognition based on models, and the object beautification. It is an easy thing, for highly evolved human vision, that understanding a line drawing which represents objects. But, to use computers to simulate this process, it is an extremely difficult task. This report surveys recent advances in the last 5 years in China. An online freehand sketch recognition prototype system is developed, and several key points and innovation technology in this system are introduced, which include stroke segmenting, single stroke recognizing, multi–stroke recognizing and endpoint clustering of freehand projection sketch for three–dimensional object. A new labeling theory is proposed for the line drawing with hidden–part–draw of a manifold curved surface object with trihedral vertices. There are 69 kinds of possible junctions, including 8 kinds of Y–junctions, 16 kinds of W–junctions, 11 kinds of S–junctions and 34 kinds of V–junctions. A recursion–based algorithm for searching for all of cycles and identifying faces from the cycles is established from a line drawing with hidden–parts–drawn. The planar and spatial structures of a line drawing with hidden–parts–drawn are analyzed and reduced. The problem is divided into 5 sub–problems in terms of the information of different two–dimensional elements. It is clarified that freedom of line drawing with hidden–parts–drawn based on lines is 4 at least under perspective and axonometric projections. Some approaches for interpreting line drawing by a computer are proposed respectively based on constraints between points and lines, or lines, or points and planes, or lines and planes, or points, lines and planes. A kind of feature points, named chord height point, is defined. Based on the feature points, a local curve descriptor is constructed to match the contour curves. The chord height point can be employed to describe the curve more precisely than the feature points such as corners, points of tangency and inflection points. The definitions of homograph are given under axonometric and perspective projections in terms of topological and geometrical characteristics. Line drawings lost the depth information of three–dimension solid, and it is an uncertain issue recovering three dimensional solid structures shape from a line drawing. That could theoretically have an infinite number of objects which projection line drawing are the same, but human visual system always determined out the entity it represents according to the line drawing. Even if it is incomplete, and there is an error, it is easy to determine which segments are redundant, and what are missing. Why do human visual systems can do that? A number of problems requiring further study are proposed.

Written by Gao Mantun

Advances in Graphics Education

Graphics education supports graphics discipline. It sets up fine education system to cultivate all kinds of graphics professionals.

All the theory, technology and application about representation, producing, processing and dissemination of graphics belong to the category of graphics education. The traditional engineering graphics education is an important part of graphics education. The report not only has a wide view to the graphics education, but also concerns intensely about the education of engineering graphics.

The report discusses the research contents, the curriculum types, and the base of graphics education. It points out that the position of graphics base education is as important as mathematics, physics, chemistry, foreign language, and computer to constitute a public basic platform of school education and shoulder the responsibility of cultivating students' basic quality.

The report shows the four progresses made in graphics education in recent years, which include graphics education ideas, the reform of curriculum contents and system of engineering graphics, graphics education for the society, obtained awards and honors respectively. It also describes the progresses in the digital graphics education, including network and multimedia system, examination system, virtual laboratory, simulation and training system.

The comparison of graphics education in China, United States, Britain and Japan has been made in the report, and then the characteristics and deficiency of graphics education in our country are analyzed.

The report concludes with the three graphics education trends, namely, graphics education in all life for social workers, graphics education through whole school education for students, as well as digital education of graphics, and then puts forward countermeasures on how to realize the above vision.

Written by Shao Likang, Yu Xifa, Tao Ye, Liu Jipeng, Yang Daofu, Fan Botao, Fan Ning, Lu Congda, Li Ming, Ding Yi, Ji Yangping, Lei Guangming, Zhang Yan'e, Shen Guoqiang, Wang Youjun, Shi Yueding, Xie Qinghua, Ding Yuxing, Yang Peng, Wang Jing

Advances in Graphics Standardization

Graphics standardization aims at unifying and standardizing geometrical product specifications (GPS), graphic symbols and graphic interchange which are applied to technical drawings, technical files and electrical equipment. These technical documents are specially related to mechanical drawings, architectural drawings, civil engineering drawings, electrical drawings, ship drawings, etc. The study of graphics standardization mainly refers to drawings representation, graphic symbols representation, dimension and geometric tolerance notion and superficial structure representation, etc. Graphics standardization runs through the whole process of product life cycle which is involved in the new product development and includes market research, product design, production process, quality inspection, sale, maintenance service, product recovery and recycle, etc. Graphics standardization forms a technical basis to improve product design, to prevent technical barriers of trade, and promote technological progress.

Seventeen items of standards for digital design had issued and implemented from 2009 to 2011 in China. This fills the gaps of 3D graphics standards in China, and marks the country has reached international level in standardized technique for "computer aided design and drafting". In recent yeas, three international standards formulated under auspices of China have issued, five topics international standards have decided to formulate under auspices of China, and other six international standards have the member of China joined to formulate. The above shows that China has reached international advanced level in standardized research.

The report describes the future development of graphics standardization in four aspects; meanwhile some corresponding countermeasures are presented to solve the problems.

Written by Qiang Yi, Yang Dongbai, Li Xuejing, Wang Huaide,
Hou Weiya, Zou Yutang, Zhang Hongqi, Xia Xiaoli, Wang Fan

索　引

流程 1

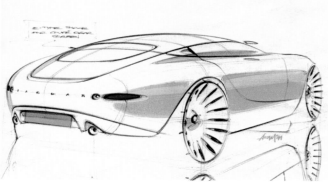

流程 2

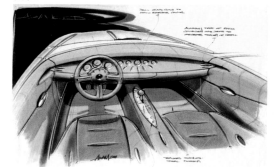

流程 3

流程 4

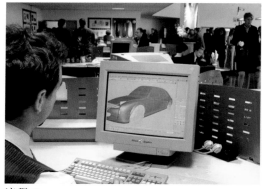

流程 5

流程 6

流程 7

流程 8

图 1　某汽车公司的新车设计流程

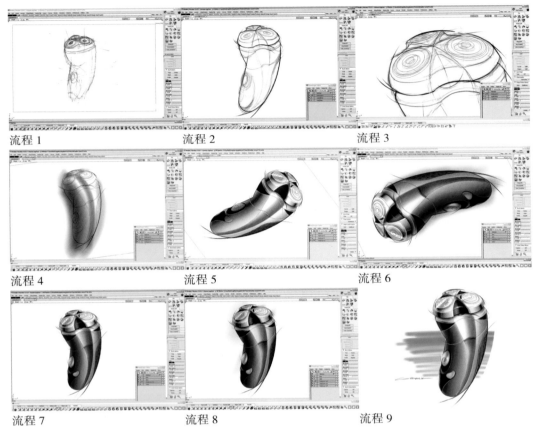

流程 1　　　　　　　流程 2　　　　　　　流程 3

流程 4　　　　　　　流程 5　　　　　　　流程 6

流程 7　　　　　　　流程 8　　　　　　　流程 9

图 2　Alias 电动剃须刀设计流程示例

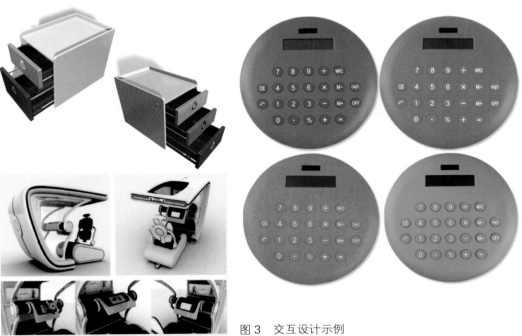

图 3　交互设计示例

图 4 基于模型的人体工程模拟仿真

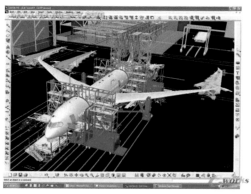

图 5 基于模型定义的波音 787 对接总装仿真

图 6 简约设计案例

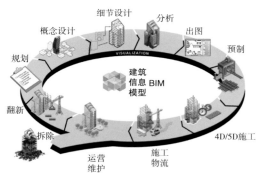

图 7 基于 BIM 实现项目全生命周期信息传递

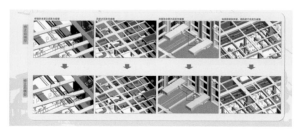

图 8a 利用各专业碰撞检查可以直观发现设计冲突

图 9a 通风与结构专业碰撞发现设计冲突

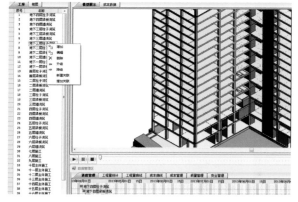

图 8b PKPM4D 施工进度控制平台可视化展示进度成本质量等项目信息

（图 8a-8b 由中国建筑科学研究院新科研大楼 BIM 咨询组提供）

图 9b 基于冲突通风专业设计优化

（图 9a-9b 的 BIM 碰撞检查实例由中国建筑科学研究院新科研大楼 BIM 咨询组提供）

图 10a　室内设计图　　　　　　　　　　图 10b　小区规划图

（图 10a-10b 的图例由 PKPM 建筑园林软件提供）

图 11　园林景观图

（由 PKPM 园林软件提供）

图 12a　银河 SOHO 内部透视图　　　　　图 12b　银河 SOHO 的 BIM 系统展示图

（图 12a-12b 来自参考文献 11）